U0130581

味遊亞洲

MRS. LISA FONG'S FOODLOGUE IN ASIA

自序

小時候跟着父母去過中國很多大城市。父親因為工作的關係，常常出門；也因為父親對我的寵愛，母親總會將我帶在身邊——那是我最幸福的日子。可惜當時年紀太小（約七歲），不懂得欣賞各地的風光和美食，至今印象已非常模糊了。

開始工作後，很多機會去東南亞一帶，但異邦也不外是另一個工作場所，到埗後也只是匆忙地工作，並無遊覽的時間與閒情。

數年前我開始減少工作量，同時也因為兒女有些不在香港居住，為了探望他們，間中會離開香港。這些外遊也是以親人相聚為主，算不了旅行。

直到近年，小女兒寶兒伴在身邊，她常鼓勵及陪伴我去各地遊覽，可說是真正享受到旅行的歡樂。每次出外旅行，我主要是休息和觀賞當地的風土人情，以及品嚐各地不同種類的美食。旅途上，不但能對各地的文化、生活習俗有一定的認識，更可品嚐到不同的風味，領會各地的民族性。

三句不離本行，本書介紹的亞洲六國食譜，有些是我在東南亞和日、韓旅行時吃過的，也有我家菲傭的拿手菜。雖然是異國風味，但在家中也可烹調一番。去旅行不過匆匆幾天，除了翻閱照片外，美食也能引發回憶。在家烹調異國風味，不但享有口福，也可說是家中的另一種生活情趣。

本書介紹的食譜也可幫助你去旅遊時，對陌生食物和菜式多一份了解和選擇。

希望大家會喜歡這本小書；並祝福如意、吉祥！

方任利莎

二零一九年六月

泰國篇

日本篇

食譜

韓國篇

食譜

菲律賓篇

越南篇

新加坡篇

我在新加坡工作超過了十年，
非常喜歡新加坡。

編導吉米

剛出來教烹飪的時候，有一位算命先生說我會有十多年的好運氣，並且驛馬星動。我當時真的笑了出來！我心裏想，已經窮得要命，有錢開飯已經很好，還甚麼驛馬星動？沒想到後來新加坡電視台請了很多香港人去工作，他們看見當地沒有烹飪節目，就邀請我去當地主持「美味佳餚」。

那是每週一次的電視節目，每次我介紹兩道菜；而我在新加坡第一個合作的編導，就是齊國琛先生（吉米）。我和他之前並不認識，在策劃這個節目的時候我倆都很用心，我跟他說：「吉米，我們只許成功不許失敗，如果節目不受歡迎，不單只我完蛋了，你也會完蛋了……」吉米當時很年輕，從國外回到新加坡不久，他對電視工作非常有熱誠，人也很有創意，因此節目製作得很認真，出來的效果非常好。節目播出了沒多久，我走到大街上已為人認識。在新加坡，觀眾除了稱呼我為「方太」，也有很多人呼喊我的英文名字 Lisa Fong。

有時候我嘮叨吉米幾句，他就會調皮的說：「你千萬不能這樣，不然明天的新聞紙就會說 Lisa Fong 在街頭罵人……」每次我去新加坡錄影，吉米都會開車來機場接我和助手。

新加坡樟宜機場的接機口是全玻璃的牆，我們在等行李的時候總會看見胖胖的吉米拿着漢堡包、很神氣的站在禁區外跟我們眨眼睛。有時候我們的航班延誤了，他就會裝作生氣的說：「漢堡包我都吃了好幾個了！」我和助手總是被吉米逗得哈哈大笑。

吉米是馬來西亞人，在加拿大讀電影，年紀與我兒子差不多，因為合作很愉快的緣故，他人前人後都喊我「老媽子」；在外省人的認知裏，「老媽子」代表傭人，所以他第一次這樣喊我的時候，我生氣了。吉米向我解釋，其實他是把我當母親一樣，而我也就順理成章變了他的「哎吔阿媽」，連我的女兒都稱呼他為「新加坡大佬」。

煥姐的救命錢

剛在新加坡工作的時候，協助我工作的是煥姐。吉米跟煥姐說：「在新加坡都要說英文，妳也應該有個英文名字……」所以煥姐也就成為了 Wendy。

還記得有一次到埗後，我們才發現新的材料費沒批下來，連之前的報銷也還沒拿到，但馬上就要為錄影去買菜了，我們身上都沒錢，怎麼辦？我叫吉米去提款，他笑瞇瞇的對我說：「這個月我還回家問母親借錢呢，我哪來多餘的錢給你啊？」我是一心想着去新加坡賺錢的，以為在新加坡會有收入，所以也沒多帶現金。

正當我和吉米在酒店房間裏為錢發愁，坐在床上打毛線的煥姐悄悄的說了一句：「我有……。」我們一下子都傻了，吉米馬上問煥姐：「你有多少？快拿來！」

煥姐給我們兩個「發錢寒」的人嚇壞了，無奈地在睡衣暗格裏拿了幾張「金牛」出來。煥姐再三吩咐我們必須「有借有還」，因為那是她丈夫給她用來「傍身」，萬一有甚麼岔子她都可以買機票回香港。我們拿到了錢，兩顆心就定了下來，第二天的錄影也就順利展開。

當天錄影很順利，收工之後我們和一些工作人員去吃飯，當我們點菜的時候，煥姐幾乎每道菜都反對，雞只能點半隻，連啤酒都不讓我們喝……我和吉米勞碌了一整天，都快餓瘋了，看見煥姐這樣管束就有點不滿，這時候煥姐很委屈的輕聲說：「你們吃的錢都是我的啊，我就只有這麼多，沒得再給你們了……」那一秒我們雖然很慚愧，但也哈哈大笑，其實當天我們已收到公司的款項，只是忘了告訴煥姐。

最後那頓飯我們吃得很豐富，煥姐的心也就安定下來，因為我們可以還債了！為了報答煥姐，我們說可以請她吃任何東西，結果煥姐就要了一個碗仔翅！現在回想起來都很開心，一切歷歷在目，就如昨天。

百花齊放的新加坡美食

新加坡美食最特別的地方，就是隨和、不造作：新加坡的美食文化以food court為主流，上班族固然依賴food court，五星級商場和每個住宅區也備有food court，連賭場也不例外。在food court裏可以找到新加坡不同民族的主流食品，每個人都可以享用自己喜歡的美食，然後坐在一起談天說地。

和諧共融，不單是一個國家應有的氣氛，更是每一道菜餚必須達到的味道要求。

沒有茶的肉骨茶

每次去新加坡錄影都會逗留大概一星期，錄影的工作都安排在白天，所以晚上吉米就會帶着我們去吃飯。肉骨茶、胡椒蟹、咖喱魚頭、雞飯、麥片蝦等等，都是那時候一一嚐到的。

吉米是馬來西亞人，對肉骨茶非常熟悉，他告訴我，肉骨茶其實是馬來西亞流行的早餐：肉骨茶的馬來語是Bak Kut Teh，最後一個音節的馬來語發音與「茶」相同，所以後來就翻譯為肉骨茶，但其實並無半塊茶葉。

據說早年在馬來西亞工作的一些苦力，在替中藥店搬貨的時候撿到一些丟下來的藥材，回家之後就用來煮排骨湯，覺得很能補充營養，於是慢慢就流傳開去，成為當地華人的日常食制。肉骨茶分為兩個派別，在新加坡常見的是所謂「潮州派」，胡椒味比較重；馬來西亞除了潮州派也有「福建派」，藥材味會比較濃。

肉骨茶一般伴以油條或者米飯，蘸以新馬一帶流行的黑醬油和紅椒絲同吃。在店裏，湯水是免費添加的，也就是說你喝多少碗湯都是同一個價格。新馬有些月份總是不斷下雨，肉骨茶有祛濕的功用，我總覺得吃了之後人會比較輕鬆與有精神。

在新馬的超市都有現成的肉骨茶湯料包供應，買回來添加排骨和蒜頭就可以煲湯；每個品牌的口味都有點不同。嫌味道不夠的話，我會加幾片當歸，煲出來特別香。在香港，如果找不到現成的湯料包，可以去找中藥店幫忙。我的建議是多試幾次，找出自己最喜歡的味道配搭。

國民美食：海南雞飯

海南雞飯早已經是新加坡的國民美食。在所有 food court 和住宅區都有至少一家雞飯店，比便利店和提款機都要普遍。在新加坡吃雞飯，一般是伴以黑醬油、薑蓉和紅辣椒醬，這三款調味料在一些東南亞食品店可以找到，非常方便。遊客到新加坡，另外兩道一定會試的菜餚就是胡椒蟹和咖喱魚頭。新加坡的胡椒蟹一般用上斯里蘭卡螃蟹，價格比較貴，在香港買肉蟹就可以。胡椒蟹一定要辣一點才入味，而胡椒必須要煮長一點時間才出味；在新加坡的胡椒蟹往往炒得很乾身，但我覺得味道精華都在汁液裏，所以我的版本汁液比較多，希望你們喜歡。

百家百味：咖喱魚頭

至於咖喱魚頭，新加坡馬場路（Race Course Road）的一家印度餐廳曾經以此享譽一時。印度咖喱聞名於世，傳統的印度家庭會用上很多香料，自己研磨，做出自家獨有的風味。小女寶兒曾經有一位喜愛美食的印度老闆，當寶兒請教他如何製作咖喱粉的時候，他用流利的普通話對寶兒說：「妹妹，連我母親都是買現成的，你每次就用一兩茶匙，何必大費周章？你自己研磨的話，好幾公斤你要吃上一輩子啊！」

事實上，每個咖喱粉品牌都有自己的風格與味道，我喜歡用一個老字號的紙包咖喱粉，很多雜貨店都有售賣，從前是港幣一元五包，現在是港幣兩塊半一包，漲價不少。我也試過買瓶裝的油咖喱，但我覺得還是咖喱粉比較有辣勁，油咖喱則比較溫和。你可以按照自己吃辣的能力去決定，因為太辣的話，你就無法吃出味道來，那不是失去美食的意義了嗎？

中西合璧：麥片蝦

新加坡是一個多元化的國家，不同的民族和諧共處。新加坡的華人很多，但生活方式又鑾西化，中西合璧的代表之一就是麥片蝦。這道菜不難做，只要小心火候就可以。麥片蝦很適合小孩子，也深受喜愛杯中物的成年人歡迎。

海南雞飯

材料：

雞1隻，薑、葱各適量，米適量，乾葱2粒（拍扁）。

醃料：

鹽、胡椒粉、酒各少許。

蘸料：

黑豉油及薑蓉

做法：

① 雞劏後洗淨抹乾，把醃料抹在雞皮及雞肚內，醃2小時。將薑葱塞入雞肚，隔水蒸至熟透。

② 取出蒸好的雞，雞汁倒出留用。

③ 米洗淨，瀝去水份，放入白鑊中加入乾葱略炒，然後放入飯煲中將雞汁用茶隔瀝清加入米中，再加入適量水份煮成飯，即是雞飯。

④ 待雞略凍，斬件上碟，配雞飯同食。食用時配合蘸料調味。

註

蒸雞時，薑葱可放入雞肚中，也可放碟底再放上雞，做法隨意。

飯店煲雞飯會用浸雞的湯，因為量大關係，店中的雞都是用湯浸熟，浸熟較易處理；湯也會有雞味。

Hainanese Chicken Rice

Ingredients:

1 Dressed Chicken

Some Ginger and Spring Onion

Some Rice

2 Shallot Bulbs, crushed

Marinade for Chicken:

Salt and Pepper, to taste

Drops of Shaoxing Wine

Dip:

Some Sweet Dark Soy Sauce

Some Minced Ginger

Methods:

① Rinse the chicken and wipe dry. Rub the chicken, inside and out, with the salt, pepper and wine. Marinate for 2 hours. Put ginger slices and spring onion inside the chicken. Steam the chicken until cooked through.

② Remove the chicken and set aside to cool. Keep the steamed chicken juice for further use.

③ Rinse and drain the rice. Stir fry the rice with crushed shallot bulbs briefly in a wok without grease. Transfer the fried rice to rice cooker. Strain the juice, pour into the rice cooker. Add adequate water to cook rice.

④ When the chicken has cooled, cut the chicken into pieces and serve together with the dip and rice.

Tips

Ginger slices and spring onion can be put inside the chicken or under the chicken while steaming.

Instead of steaming, restaurants usually poach chickens in hot soup. Poaching is easier to cook many chickens at once. They will use the chicken soup to cook rice.

肉骨茶

Bak Kut Teh

材料：

肋排 1 斤，北芪、杞子、黨參、當歸各約 50 克，白胡椒粒約 1/2 湯匙，整個蒜頭 2 個。

調味：

鹽少許，黑醬油少許。

做法：

① 肋排斬大段，汆水後放入煲中；蒜頭剝開不用去衣，同放入湯煲中。

② 將所有中藥材料及白胡椒同放入煲湯袋中，加入上項湯煲中，用大火煲滾後，改用中火煲至材料出味、湯濃，放少許調味即可供食。

Ingredients:

600g Pork Spareribs

50g each Astragalus Root (Huangqi), Wolfberry (Gouqi), Codonopsis (Dangshen) and Angelica (Danggui)

1/2 tbsp White Peppercorn

2 Garlics

Seasonings:

Salt and Sweet Dark Soy Sauce, to taste.

Methods:

① Cut the spareribs into large pieces and blanch them in boiling water, drain. Then place the spareribs and unpeeled garlic with water in a large pot.

② Pack all the medicines and peppercorns in a cheesecloth bag, add into the pot. Bring to a boil over high heat. Low to medium heat and simmer until the soup reduced and full of flavour. Season with salt and sweet dark soy sauce. Serve warm.

Tips

在新加坡著名的「黃亞細」肉骨茶店舖有「肉骨茶材料」出售，只需用一包與排骨和蒜頭同煲即成，味佳且方便；旅遊時不妨買來做手信。

香港中藥店也可購買到煲排骨茶的材料。配料和味道可隨個人喜好調整，我所介紹的只是最簡單的，有興趣不妨一試。

喜歡辣的，可增加白胡椒粒份量。

Packed ingredients of bak kut teh can be bought at Ng Ah Sio Bak Kut Teh Restaurant in Singapore. You can make delicious soup with just one pack of this and pork ribs and garlics. This is a good souvenir from Singapore.

Herbal medicines in the recipe are easy to find in Hong Kong's TCM shops. My recipe is the simplest one, you may add some other ingredients as you like.

More white peppercorn makes the soup more spicy.

肉骨茶 Bak Kut Teh

麥片大蝦

Cereal Prawns

材料：

中蝦 6-8 隻、麥片約 1/2 杯、雞蛋 1 隻、粟粉少許。

調味：

鹽、胡椒粉各少許。

做法：

① 蝦去頭留尾，在背部切開少許，挑腸洗淨，吸乾水份。

② 將調味加入上項蝦中拌勻，沾上少許粟粉。

③ 將蛋打勻成蛋汁，使已沾粉的蝦沾上蛋汁，再黏上麥片，按壓緊貼。

④ 將黏上麥片的蝦放入熱油中炸熟，撈出瀝乾油份即可上碟。

Ingredients:

6-8 Prawns (medium-sized)

1/2 cup Cereal

1 Egg

Some Corn Starch

Seasonings:

Salt and Pepper, to taste

Methods:

① Cut the head and trim the legs from the prawns. Cut open the shell, remove the vein, and then rinse and pat dry with paper towels.

② Combine the prawns with seasonings, then lightly dredge them in corn starch.

③ Beat the egg. Dip the prawns in the beaten egg, then coat evenly with cereal, press firm.

④ Fry the prawns in hot oil until golden brown. Remove the prawns from the oil with a slotted spoon and drain. Transfer to a plate and serve.

Tips

蝦頭可另炸熟，放碟中央如油炸蝦般，即可一蝦兩吃。蝦頭洗淨吸乾水份，用豉油和糖拌勻，放熱油中炸熟即成。

An alternative, Double Flavour Prawns: Wash the prawn heads and pat dry. Combine with soy sauce and sugar, then deep fry them in hot oil until golden brown. Remove and drain. Serve the deep fried prawn heads and cereal prawns on the same plate.

麥片大蝦 Cereal Prawns

黑胡椒蟹

Black Pepper Crab

材料：

蟹 1 隻、大洋葱 1/2 個，葱段、薑片各適量，黑胡椒粒約 1/2 湯匙。

調味：

生抽 3/4 湯匙，糖 1/3 茶匙、水約 1/2 杯。

做法：

① 蟹刷洗乾淨，蟹身斬件，撲上粟粉少許。洋葱切粗條。

② 將蟹泡油後撈出，瀝去油份，待用。

③ 用少許油炒香洋葱，將走油後的蟹放入同炒勻，並加入葱段、薑片。

④ 將調味混合黑椒粒，加入蟹中，蓋上鍋蓋略焗煮片刻，即成。

Ingredients:

1 Mud Crab

1/2 Onion, large

Spring Onion sections

Ginger slices

1/2 tbsp Black Peppercorn

Seasonings:

3/4 tbsp Light Soy Sauce

1/3 tsp Sugar

1/2 cup Water

Methods:

① Brush the crab clean, remove the stomach and gills, and rinse through. Cut the crab into pieces. Then lightly dredge crab pieces in corn starch. Chop the onion.

② Deep fry the crab pieces in hot oil briefly. Remove the crab from the oil with a slotted spoon and drain.

③ Heat a wok with spoonful of oil, sauté onion shreds until fragrant. Add the crab pieces to stir well. Then stir in spring onion sections and ginger slices.

④ Pour in the seasonings and black peppercorn, stir well. Cover the wok with lid, simmer for a while. Transfer to a plate and serve.

Tips

在新加坡吃的黑椒蟹，我嫌略乾（個人喜愛，感覺有汁較美味）。

The black pepper crab in Singapore is dry. I prefer crabs with more sauce.

黑胡椒蟹 Black Pepper Crab

咖喱魚頭

Curry Fish Head

材料：

三文魚頭半邊，羊角豆 4-5 條，洋葱 1/2 個，乾葱、蒜頭各 2 粒，紅椒 1/2 個、咖喱粉 2-3 茶匙。

調味：

鹽、生抽各適量。

做法：

① 魚頭除腮洗淨，用少許胡椒粉和鹽醃 2 小時。煎至半熟，待用。

② 洋葱切粗絲，羊角豆切段，乾葱、蒜頭切片，紅椒切圈。

③ 燒熱油約 3 湯匙略炒洋葱，放下乾葱、蒜頭、咖喱粉及約 1 $^1/_2$ 杯水，加入魚頭煮至滾起，改用小火燜煮至熟及入味。

④ 放入羊角豆和調味，煮至汁略濃縮即成。

Ingredients:

1/2 Salmon Fish Head

4-5 Okra

1/2 Onion

2 each Shallot Bulbs and Garlic Cloves

1/2 Red Chilli Pepper

2-3 tsp Curry Powder

Seasonings:

Salt and Light Soy Sauce, to taste

Methods:

① Remove the gills from the fish head, rinse through. Marinate with salt and pepper for 2 hours. Pan fry the fish head until half cooked. Set aside.

② Chop the onion, cut the okra into sections, slice the shallot bulbs and garlic, cut the red chilli pepper in round.

③ Heat 3 tablespoons oil in a wok, sauté the onion until fragrant. Add shallot and garlic slices, curry powder and 1/2 cup of water with the fish head, bring to a boil. Lower the heat and simmer until the fish head cooked through.

④ Stir in okra sections and seasonings. Cook until sauce reduced. Transfer to a plate and serve.

Tips

對於「辣」，各人口味不同，食譜只是介紹烹飪方法，其他真要靠個人領會了。

People have different levels of tolerance for spicy food. The recipe only tells you a method to cook. The amount of ingredients can be adjusted.

咖喱魚頭 Curry Fish Head

泰國篇

香港人的旅遊熱潮，應始於八十年代。

八十年代泰國團

八十年代香港各大旅行社紛紛舉辦東南亞旅行團，其中兩大旅行社，主辦很多泰國旅行團；連我的小女兒寶兒也曾經在同學的介紹下，在暑假時去做兼職領隊。寶兒說高峰期的「曼谷芭堤雅布吉七天旅行團」，團員可高達七十多人；七天下來，光是小費就拿到港幣一萬元，對一個年輕人來說是很不錯的暑期工。我對孩子的管教算是很嚴厲，但我也對孩子有信心，只要從小雙方建立了信任，孩子在外面遇到甚麼事情都會回家與我商量。當孩子慢慢長大，嘮叨或者打罵都沒有效果，做孩子最好的朋友才是更有效的方法。

泰國南北

我在新加坡電視台工作的時候，因為地利的緣故，試過忙裏偷閒跑到曼谷去玩幾天。從新加坡去曼谷很近，機票也很便宜。有一次，我的導演吉米邀請我一起去度週末，他說：「你如果這兩天把事情做快一點，我們週末去玩兩天，沒有人會發現的……」結果我們真的發力把工作趕完，在週五晚上一起坐飛機去了曼谷。也許是體力透支了，結果兩個人都睡到週六下午才起床。碰面後還互相埋怨對方：難道我們是來曼谷睡覺的嗎？難道新加坡沒有床嗎？

吉米很喜歡木頭擺設，每次去泰國都買不少木製的雕塑。當他去尋寶的時候，我就會獨自到曼谷的唐人街去看看。那裏有兩條街佈滿雜貨店和鮮魚檔，可以看到當地流行的食材。我最喜歡買當地的甜菜脯，用來炒蛋很能下飯。

泰國華人很多原籍潮州，所以在唐人街能看到很多富潮州風味的食品。當年最受港人歡迎的是煲仔翅和燕窩糖水，魚翅、燕窩一直被華人視為珍品，不過魚翅的來源實在過於殘忍，所以為了環保關係，我也早就不再吃或者烹調魚翅了。

某年香港的電視台也曾經安排我去清邁，與香港的著名旅遊家暹寶倫先生一起拍攝特輯，那是我第一次接觸泰北菜餚。

如果要與曼谷的泰國菜比較，清邁菜在口味上比較含蓄，沒有曼谷菜的甜辣酸來得張揚。泰北盛產糯米，幾乎每一頓飯都吃糯米，當時我很不習慣。在暹先生的介紹和陪伴下，我度過了愉快的幾天，也很喜歡清邁這個地方。

今天，吉米與暹先生都已經仙遊，讓我很是感傷與不捨。他們二人都不約而同嗜好杯中物，我總覺得小酌怡情，但喝多了就傷健康，實在要慎重。

九龍城的泰國雜貨鋪

我常覺得飲食跟天氣是有莫大的關係。泰國天氣酷熱，也潮濕，吃辣會讓人覺得舒暢。每當香港進入梅雨季節，我就特別想吃泰國菜。

從八十年代開始，在九龍城一帶出現了很多泰國菜餐館；全盛時期，其中一家餐館的店面雖然佔地三層樓，仍每天晚上大排長龍。啟德機場拆卸後，九龍城冷清了一段日子，直到城南道開了幾家泰國雜貨店，整個區域又再熱鬧起來。那些雜貨店都是由泰國人主理，難得的是她們都會說廣東話，所以溝通完全沒問題。店裏熟食，林林總總，令人目不暇給；例如鳳爪蓙（蓙，即沙律）、炸好的池魚（配合泰國的辣醬 nam prik 食用），也有芒果糯米飯和椰汁千層糕等。

而更吸引我的，是一些泰國食材：大量的香草（例如金不換、香茅、檸檬葉、南薑、斑蘭草等）、蔬菜和醬料（好像魚露、辣椒膏、青紅黃咖喱膏、羅望子醬等）。

當中很多食材都不常見，只要詢問店員，她們都會略為解釋和指導。

每次去這些雜貨店我都眼界大開，其中有幾家甚至售賣日用品和家居用品，跟在泰國旅遊時看到的一模一樣。

泰式家常菜

雖然聽說泰國的富豪生活得很奢華，但我相信大部份泰國人的生活都比較樸素平實。對遊客來說，難得去旅行，當然希望大快朵頤，在餐館裏點上一桌子的菜。我看到很多當地人進餐時，都是一個主菜配以白飯。好像深受香港人喜歡的冬蔭功湯，在泰國當地一般配以白飯，有湯水、有湯料，算是很豐富的了。

這次我介紹的五道泰國菜，都是一般泰國家庭會做的菜式，你可以作為一頓飯的主菜，也可以混合在平常中式飯菜中一起上桌，味道也很搭配。

泰式肉碎沙律的做法很簡單，配上生菜包着來吃，可以作為一個開胃菜；也可以棄生菜而配以白飯。泰國有紅黃綠三種咖喱，紅色的比較辣，黃色的帶點酸辣，綠色的可說是最溫和，連小孩都能接受，所以我選擇了綠咖喱牛肉，你也可以替換為魚塊、豬肉片、雞塊等。

金不換，又名九層塔，有非常獨特的香味，可以生吃，也可以炒菜，好像我這次就用來炒嫩雞。凡有特殊香味的食材，例如芫荽、枸杞、茼蒿菜等，都不一定為所有人接受，但我孫兒的論調很妙：「一般菜都是沒有香味的，所以有香味的菜很特別。」我想喜歡泰國菜的朋友都不會介意香料的味道，因為那是泰國菜最獨特和性格鮮明之處。

明爐蒸烏頭是很有氣氛的宴客菜，如果不想麻煩，不用明爐改用湯鍋或砂鍋也是可以的。用明爐除了是為氣氛，也是為了一直把魚和湯汁保溫而已。

芋頭飯是我的最愛：我最喜歡「有味飯」，想偷懶的時候，光是一個芋頭飯，再加一道青菜已經營養足夠了。當然，如果把芋頭飯作為「單尾」，那更是錦上添花，甚至有點豪華了。

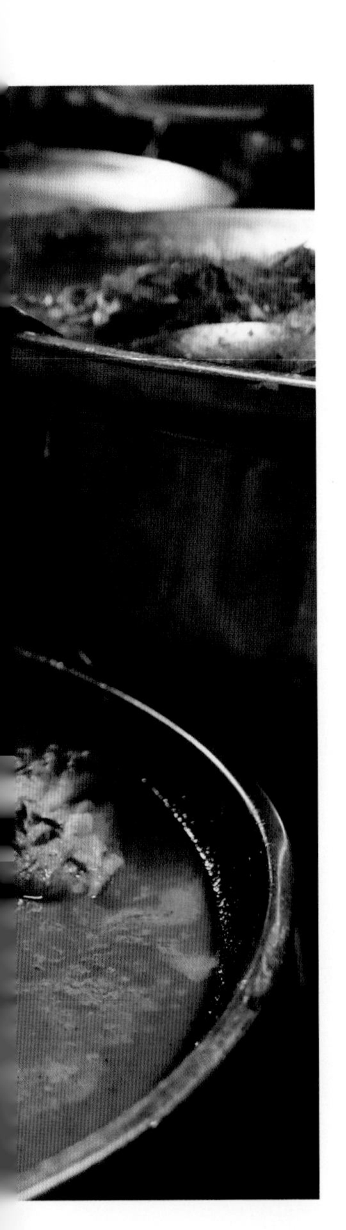

泰式粉絲沙律

Thai Glass Noodle Salad

材料：

碎肉 3 両，粉絲 1 小紮，中芹 1 棵，甘筍絲少許，乾雲耳約 2 湯匙，葱粒少許，乾葱頭（切粒）1 湯匙，魚露 2 茶匙。

調味：

生抽 2 茶匙，生粉 1 茶匙，胡椒粉少許，水 2 湯匙。

做法：

① 將調味料放入碎肉中拌勻，待用。

② 粉絲用滾水浸透，瀝乾水份，略剪成段。中芹去葉取梗，切成小段。雲耳浸洗淨，略切成條狀。

③ 燒熱油約 1 $^1/_2$ 湯匙，爆香乾葱粒，放入肉碎炒至肉散開。

④ 將雲耳、中芹加入肉碎中炒至均勻，加入魚露少許，盛起。

⑤ 將上項材料與粉絲段拌勻，放入雪櫃冷卻片刻即可供享用。也可加入切碎的香花菜或九層塔以增加香味。

Ingredients:

120g Minced Pork
1 stalk Chinese Celery
2 tbsp Dried Cloud Ears
1 tbsp Shallot Bulb Bites
1 bunch Vermicelli (glass noodle)
Carrot, shredded
Spring Onion, chopped
2 tsp Fish Sauce

Seasonings:

2 tsp Light Soy Sauce
Pepper, to taste
1 tsp Corn Starch
2 tbsp Water

Methods:

① Combine seasonings with the minced pork, stir well and let it sit for a while.

② Soak the vermicelli in hot water thoroughly, then drain and cut into sections. Remove leaves from the Chinses celery and chop into small dices. Soak the dried cloud ears thoroughly, then rinse and chop roughly.

③ Heat 1 1/2 tbsp oil in a wok, sauté the shallot until fragrant. Add the minced pork, break and gently toss the meat with chopsticks until all cooked.

④ Add the cloud ear, Chinese celery in and stir well. Season with a little fish sauce. Transfer to a container.

⑤ Stir in the vermicelli sections, mix well. Place in fridge for 1 hour and sever. Sprinkle some chopped spearmint or basil on top to enhance the flavour.

Tips

此菜冷食、熱食均可，風味不同。泰國炎熱，多數喜歡冷食。

This dish can be served in cold or warm. Different flavours will show at different temperature. Since the weather in Thailand is hot, the salad always be served in cold.

泰式粉絲沙律 Thai Glass Noodle Salad

綠咖喱牛肉

Green Curry Beef

材料：

牛肉 4 両，青紅椒各 1 隻（可切成片或段），車厘茄 4-6 粒，檸檬葉、九層塔各少許，秋葵（即羊角豆）2 條，乾葱片少許，綠咖喱醬約 3 湯匙，椰漿 1/4 杯。

調味：

糖、魚露各適量。

做法：

① 牛肉切片，放入生抽和生粉各少許，並加水 2 湯匙拌勻；泡油後盛出，待用。

② 再起油鑊，燒熱油約 1 $^1/_2$ 湯匙，放入乾葱片、綠咖喱醬及 3/4 杯水煮勻。

③ 加入切段的秋葵、檸檬葉、九層塔煮至滾起，放入青、紅椒和車厘茄，煮至材料略軟。

④ 將走油後的牛肉加入，並放入調味和椰漿，拌勻即成上碟。

Ingredients:

150g Beef

1 each Green and Red Chilli Pepper, sliced or sectioned

4-6 Cherry Tomatoes

Lemon Leaves

Basils

2 Okra

Shallot Bulb Slices

3 tbsp Green Curry Paste

1/4 cup Coconut Milk

Seasonings:

Sugar and Fish Sauce, to taste

Methods:

① Slice beef, combine with light soy sauce and corn starch, add 2 tablespoon water, mix well. Deep fry the beef in medium hot oil briefly, remove and set aside.

② Heat 1 $^1/_2$ tablespoon oil in a clean wok over high heat, add the scallion slices, green curry paste and 3/4 cup water to cook through.

③ Add okra sections, lemon leaves and basils, bring to a boil. Add chilli peppers and tomatoes, cook until soften.

④ Put the beef into the wok, stir well. Add seasonings and coconut milk, stir well. Transfer to a plate and serve.

Tips

牛肉泡油後再放入可較嫩滑，適合港人口味。

椰漿不宜久煮，所以最後才下。

Deep fry the beef briefly beforehead will make the meat more tender.

Coconut milk cannot tolerate high heat, so be added at the last stage.

綠咖喱牛肉 Green Curry Beef

金不換炒嫩雞

Basil Chicken Stir Fry

材料：

冰鮮雞腿 2 隻，金不換 2-3 棵，紅椒片少許，乾葱 2 粒（切片）。

醃料：

生抽 3/4 湯匙，胡椒粉、生粉各少許。

調味：

紹興酒少許，蠔油 1/2 湯匙，水約 1 湯匙，麻油少許。

做法：

① 雞腿洗淨，起肉去骨，並切去肥脂及部份皮，再切成塊狀，放入醃料拌勻、待用。

② 金不換洗淨摘葉棄梗待用。

③ 先燒熱油約 1 $^1/_2$ 湯匙、將雞肉炒至熟透，再放入乾葱片炒勻，灒酒少許。

④ 將金不換葉加入炒至軟身即有香味，放入調味，拌炒均勻即成。

Ingredients:

2 Chilled Chicken Thighs
2-3 bunches Basil
Red Chilli Pepper, sliced
2 Shallot Bulbs, sliced

Marinade:

3/4 tbsp Light Soy Sauce
Pepper
Corn Starch

Seasonings:

Some Shaoxing Wine
1/2 tbsp Oyster Sauce
1 tbsp Water
Sesame Seed Oil, to taste

Methods:

① Wash the chicken thighs, remove the bones, cut off the fat and part of the skin. Slice the meat and combine with marinade, mix well and set aside.

② Rinse the basils and pick the leaves.

③ Heat 1 $^1/_2$ tablespoon oil in a wok, stir fry the chicken meat until cooked through. Stir in shallot bulb slices and sprinkle in the wine.

④ Add the basil leaves and toss until the leaves become soft and fragrant. Add the seasonings and stir to mix well. Transfer to a plate and serve.

Tips

金不換有特別香味，但不能太多。

Basil is an aromatic plant, but don’t put too much in the dish.

金不換炒嫩雞 Basil Chicken Stir Fry

芋頭飯

Yam Rice

材料：

米適量，冬菇 4 隻，半肥瘦豬肉約 4 両，蝦米 1 湯匙，芋頭約 6 両，乾葱片少許。

調味：

生抽少許

做法：

① 冬菇浸透切成丁狀。蝦米洗淨，待用。豬肉可切小片或丁狀。芋頭去皮切成小塊。

② 燒熱油約 2 湯匙，爆香蝦米和芋頭，並將豬肉加入，略炒勻即成。

③ 米洗淨，放入適量水份，待滾起，將芋頭等材料加入同煮。至半熟時，用筷子將米與材料攪拌均勻。如未熟，可加水少許，用小火焗煮片刻，將調味加入即成。

Ingredients:

Rice
4 Shiitake Mushrooms
150g Half Lean Pork
1 tbsp Dried Shrimps
225g Yam
Shallot Bulb Slices

Seasonings:

Light Soy Sauce, to taste

Methods:

① Rinse and soak the shiitake mushrooms until tender. Cut them into small dices. Rinse the dried shrimps. Cut the pork into slices or dices. Peel the yam and cut into small pieces.

② Heat 2 tablespoons oil in a wok, sauté the dried shrimps and yam until fragrant. Add the pork and toss well.

③ Wash the rice, add adequate water to cook. Bring to a boil, add yam and the remaining ingredients. When the water nearly dried up, stir the rice and the ingredients with chopsticks to mix well. If the ingredients are not cooked through, add a little water and simmer over low heat for a while. Season with seasonings.

Tips

這是一般煮法，也可加入臘腸等材料。

This is a basic recipe. You may add Chinese sausages and other ingredients to the rice.

芋頭飯 Yam Rice

明爐烏頭魚

Thai Style Steamed Fish

材料：

烏頭魚 1 條，潮州鹹菜少許，中芹 1 棵，薑 2 片。

調味：

鹽、胡椒粉各少許。

做法：

① 烏頭魚去鱗，劏肚洗淨，用少許鹽和胡椒粉略醃，上碟，隔水蒸熟待用。

② 鹹菜洗淨，切粗條；中芹去葉，切段。

③ 燒熱約 1/2 湯匙油，略炒鹹菜，加入約 2 $^{1}/_{2}$ 杯水煲至滾起，至鹹菜略出味。

④ 將蒸後的烏頭魚放入上項湯中，煮至魚熟透，放入芹菜段，調味即成。

⑤ 可用大湯盆盛載，如有魚爐則更佳，可隨意。

Ingredients:

1 Grey Mullet　Some Chiu Chow Preserved Mustard Greens

1 stalk Chinese Celery　2 Ginger Slices

Seasonings:

Salt and Pepper, to taste

Methods:

① Scraping off the scales from the grey mullet. Gut and wash. Marinate with a little salt and pepper. Place the fish on a plate and steam over high heat until cooked.

② Rinse the preserved mustard greens and cut into thick shreds. Remove the leaves from the Chinese celeries and cut them into sections.

③ Heat 1/2 tablespoon oil in a wok, sauté the preserved mustard greens. Add 2 $^{1}/_{2}$ cups water to cook until the soup become tasty.

④ Put the steamed fish in the soup, cook until the fish cooked through. Add celery sections and seasonings, mix well.

⑤ Transfer to a large deep plate or a hotpot fish plate and serve.

Tips

泰國多潮州人居住，明爐魚很受歡迎。材料方面不限定用烏頭魚，可用其他魚取代。

In Thailand, many people are descendants of immigrants from Chaozhou area of Guangdong Province. Hotpot fish is a popular dish there. Besides the grey mullet, many other fishes can be used.

明爐烏頭魚 Thai Style Steamed Fish

日本篇

我與日本菜結緣，始於小時候大哥為我母親做的一頓壽喜燒(Sukiyaki)。

大哥的壽喜燒

我的大哥不是家母的親生兒子，而是早逝的大媽媽的嫡子，所以大哥跟家母的歲數差不了多少。大哥年輕時曾經在日本留學十多年，學成歸來自然成為我們家見識最豐富的人。我母親一直對外國事物很留意，為此很愛聽大哥講見聞故事。

某天，大哥說要請我們吃日本菜，由他親自下廚，做一道壽喜燒（Sukiyaki）。這就是我初次接觸的日本菜。

我記得大哥先燒紅了鐵造的平底鍋，然後用肥牛膏起鍋，那香氣非常誘人。接下來他放入切了段的京葱、洋葱片，稍微煎香後加入了砂糖，再注入了醬油和清酒。之後大哥把牛肉一片片的放進鍋裏，牛肉一熟馬上夾到我們的飯碗裏，他告訴我們，把牛肉蘸一下另一個飯碗裏早已準備好的生雞蛋液就能食用。吃了幾片牛肉後，大哥又放入了豆腐、香菇、波菜和一些粉絲，再加了多一點的醬油到鍋裏，燒開之後我們一

邊吃豆腐，又一邊放入牛肉……。

直到今天，我都依稀記得當天壽喜燒的味道，也非常懷念與大哥和母親共聚的快樂時光。

大師傅的小菜

八十年代末，日本料理在香港開始普遍，我的日籍好友緒方玲子女士（Reiko Ogata）在香港從事市場推廣和公關工作，人面很廣。她請我去銅鑼灣利園酒店的日本餐廳吃飯，說要介紹日本師傅給我認識。

我記得日本師傅用兩片薄薄的白蘿蔔夾着新鮮的紫蘇葉，然後讓我蘸一點醬油吃。雖然看起來是很簡單的開胃菜，卻盡現刀工和日本食材的新鮮，味道也很清新。

到了九十年代，我常常到尖沙咀新世界商場地庫的王子日本料理，當年的店長是加藤先生（James Kato）。加藤先生會說粵語，有時候會請常客吃一些他為自己做的日本家常菜，好像用豬雜做的滷煮，在當時看來很新奇。

日本主婦不易做

九十年代初，我的大女婿升官成為了法國駐大阪和神戶的總領事，大女兒也就帶着兩個孩子，隨他從巴黎遷居神戶。在他們安頓下來後，我與寶兒去探望他們。

還記得女兒住在兵庫縣西宮市的苦樂園，是當地有名的高尚住宅區。女婿當年租住的是獨立屋，空間比較大，女兒一家的生活也就比較自由。

事實上日本一般住宅都是公寓，面積比較小而且緊靠鄰居，造成了日本人每天的生活都戰戰兢兢：早上八時前、晚上八時後不能用洗衣機、乾衣機，以免機器的聲浪打擾了鄰居；在家裏不能做油煙大的菜餚，因為味道和油煙飄到鄰家有失禮貌；搬家的時候要給鄰居送小禮物，為自己搬家帶來鄰居的不便先行致歉……。

日本文化的第一大規條是「不要給人家添麻煩」，尊重自己的首要行為就是尊重別人。這看似簡單的道理，恰恰是很多人無法明白，更遑論做到。

女兒當年雖然從香港僱了兩位外傭同往，但因為外傭不諳日語，所以買菜的事情要女兒親自負責。當我還擔心女兒會否太辛苦的時候，女兒笑着對我說：「媽媽，在日本做家庭主婦真的太舒服了，我覺得她們連刀都可以不買……」女兒帶我到超市一看，才發現大部份食材都已經切好，並以一人份、兩人份等包裝好。女兒跟我說，最重要是懂算術，那就能簡單算出要買怎麼樣的份量組合。

也是自那一次，我開始了解到日本家庭的飲食習慣，與我們在日本餐廳看到的大大不同。日本家庭廚房的灶頭不多，烹調過程中常利用微波爐和小焗爐；家裏日常飲食流行「一汁三菜」，也就是湯、一個主菜，和一些「漬物」（經過醃製的食物）、拌菜（例如豆腐或者沙拉）等。

日本菜的主要材料是海產，包括新鮮的魚類和大量的海藻，也會加入當地出產的蔬菜，很講究營養的平衡。日本古代有一段時期全民茹素，因此即使在今天，日本人相對還是比較重視「吃肉」這事情。在日本，如果朋友或者老闆請你去吃燒肉，那實在是對你非常友好與慷慨的表現了。

日本家庭如果要吃煎炸食品，一般都會從外面買回來或索性上館子，一方面是避免家裏油煙味四散，也省卻了家庭主婦清洗廚房和回收廢油的工夫。話說回來，我覺得日本人在「炸物」方面做得很出色，百貨公司地庫的食品部，總會有做好的「炸物」出售，這些食品即使冷卻了，入口的味道依然保持得不錯，香脆之餘也不覺油膩。我見過日本人用麻油來炸食物，也有人刻意把幾種油混合以找到最佳油溫和味道，中菜在這方面就沒如此講究了。

在日本做主婦看起來輕鬆，其實不然。日本外傭並不普遍，也很少家庭可以跟老人一起居住，因此一般已婚婦女都成為了全職家庭主婦，打掃煮飯帶孩子一手包辦。

近年有雜誌訪問東京的家庭主婦，發現她們平均每天只睡四、五個小時。因為丈夫夜歸，妻子要待丈夫回家之後照顧伺候，往往凌晨一兩點才能入睡，而早上六點前便要起床準備早飯和孩子的便當。日本家庭主婦還習慣把家中支出清楚記賬，以便跟丈夫交代財務狀況，這些文書工作都要在繁忙中抽空完成。為此，日本家庭主婦很積極的學習烹飪，希望找到既美味又簡單的食譜，在為家人提供足夠營養的同時，也可以讓自己在時間和金錢上都更寬裕。

日本家常菜

這次我為大家介紹的日本菜餚，可算是日本人的家常菜。

筑前煮（Chikuzen-ni），用上了蔬菜與雞肉，是比較濃味的一道煮菜。做好之後可以分兩三天食用，就算冷卻了都沒問題，放在便當裏也非常下飯。

豚汁，也就是豬肉湯，如果你有收看近年流行的日本電視劇《深夜食堂》，每一集開始的時候，老闆示範的就是豚汁。這道菜的優點，是有葷有素，再加上味噌，對日本人來說是絕對的營養豐富（日本人喜歡吃發酵的食物，覺得對身體健康有莫大益處）。在日本的食堂（也就是比較平民化的餐廳）都有提供豚汁，從單點的二百五十日圓起，到「一碗豚汁白飯任裝」的八百七十日圓套餐不等，可說是非常經濟的平民美食。如果想在家裏吃個簡餐，光做一個豚汁加上米飯，豐盛的味道與營養也不會讓人覺得虧待自己。

日本人喜歡進餐的時候喝一點啤酒或者日本酒，因此我介紹了南蠻漬柳葉魚這個小菜。南蠻漬（Nanban-zuke）是一種冷菜的做法，在日本從居酒屋到高級餐廳裏都可以看到；居酒屋一般會做柳葉魚或者小池魚，甚至雞塊，而高級餐廳會做炸蠔。將炸脆了的食物泡在南蠻醋裏一段時間，以取得甜甜酸酸的味道，非常醒胃，不論是給大人作為飲酒小菜，還是給小孩作下飯的伴菜，都很適合。

日本是個海島，海藻也就成為了日本人飲食裏常見的食材，羊棲菜（Hijiki）可算是昆布和海帶外最常見的一種。羊棲菜在香港很流行，很多日本定食都喜歡以羊棲菜作為前菜。

羊棲菜又名鹿尾菜，含豐富的膳食纖維和礦物質，一直深受日本人歡迎。近年雖然有研究指出，羊棲菜含有無機砷，大量進食會對人體有害，但其實羊棲菜的形狀很細小，每人每次進食的份量也是一、兩湯匙而已，如果只是偶然進食，我認為根本不會有危險。凡事適可而止，採取中庸之道就好。你們同意嗎？

日本人在飲食方面的態度很開放，在大城市中不難找到各種料理的餐廳。日本文化深受唐代影響，日本人對中國菜也很熱愛，餃子、擔擔麵、春卷、麻婆豆腐、辣醬蝦仁、揚州炒飯等都很常見。但要是讓日本人列舉一道中國菜，很多人都會說出「韭菜炒豬肝」。其實在中國菜裏，韭菜炒豬肝並不常見，而日本人的韭菜炒豬肝，更會加入大豆芽，美味之餘營養更豐富，是一道很有特色的和風中華料理。

我一直覺得日本人善於把別人的東西發揚光大，例如葡萄酒本不是日本文化，但日本近年不但出產葡萄酒，更推出了葡萄酒口香糖、葡萄酒巧克力、葡萄酒雪糕等等，我的法國女婿每次看到都流露佩服的表情。

事實上，日本每年有很多廚師到外地學藝，回國後都有青出於藍的感覺，窮一生精力把一件事情做好，看似簡單卻絕不容易，我深感佩服。

自從港人去日本旅遊可以免簽證之後，日本就成為了香港人最熱衷的旅遊點之一。小女寶兒也很喜歡日本，每次家族旅行都會帶我們去她喜歡的餐廳。寶兒欣賞日本文化，也喜歡深入了解日本人的生活，每次她為我們介紹的餐廳，都是當地人喜歡去的館子，而非媒體給遊客的推介。

日本文化崇尚專業，每一個菜系都有其學問。除了居酒屋包羅萬有，其他食店都分門別類：做天婦羅的只提供天婦羅，賣鰻魚飯的就主攻鰻魚料理，壽司店裏也找不到豬骨湯拉麵。日本講求匠人精神，要把每一樣事情做到極致。有一位朋友曾經說，一件事情做不上一萬個小時，不能稱自己為專家。也許有些人覺得這樣有點苛刻嚴謹，但「專家」這個稱號其實很沉重，真不是動輒就能承擔。

我不是日本料理的專家，這四道菜是我吃過之後，覺得適合中國人家庭烹調的介紹。我希望這四道菜能打開你的日本料理之門，又或者豐富了你的日本料理菜單，讓我們一起加油吧！

福
手を触れないでください
Please do not touch

筑前煮

材料：

雞腿肉200克，甘筍100克，竹筍100克，牛蒡 1/3 條，蓮藕 1/2 節，荷蘭豆 12 片，冬菇 4 隻，魔芋 1/2 塊，麻油 1 湯匙。

調味料：

上湯 200 毫升，泡冬菇水 100 毫升，糖 3 湯匙，清酒 2 湯匙，醬油 3 湯匙，味醂 2 湯匙。

做法：

① 冬菇泡軟，去蒂，一開為二。泡冬菇水留起 100 毫升備用。

② 魔芋以手撕成小塊，用少量鹽揉一下後沖洗乾淨。汆水 5 分鐘，瀝乾水備用。

③ 甘筍和蓮藕去皮，與竹筍一起切成滾刀塊，備用。

④ 荷蘭豆去頭尾和筋，汆水備用。

⑤ 牛蒡以刀背刮去外皮，切滾刀塊，泡在醋水裏 5 分鐘以防變色，沖洗後備用。

⑥ 雞腿肉去掉多餘雞皮和肥膏，切成小塊，以清酒醃兩分鐘除味。

⑦ 鍋內加麻油 1 湯匙燒熱，依次放入牛蒡、蓮藕、甘筍、魔芋與竹筍，大火同炒至半熟，加入冬菇與雞腿肉，繼續大火炒。

⑧ 當雞腿肉開始轉熟，加入冬菇水和上湯，轉中火。燒開後去掉泡沫，加入糖與清酒，燜煮 10 分鐘。再加入醬油，加蓋慢慢煮至材料變軟與入味。

⑨ 當汁液收乾至一半，轉大火，加入味醂和荷蘭豆，拌勻後馬上關火，即可上碟。

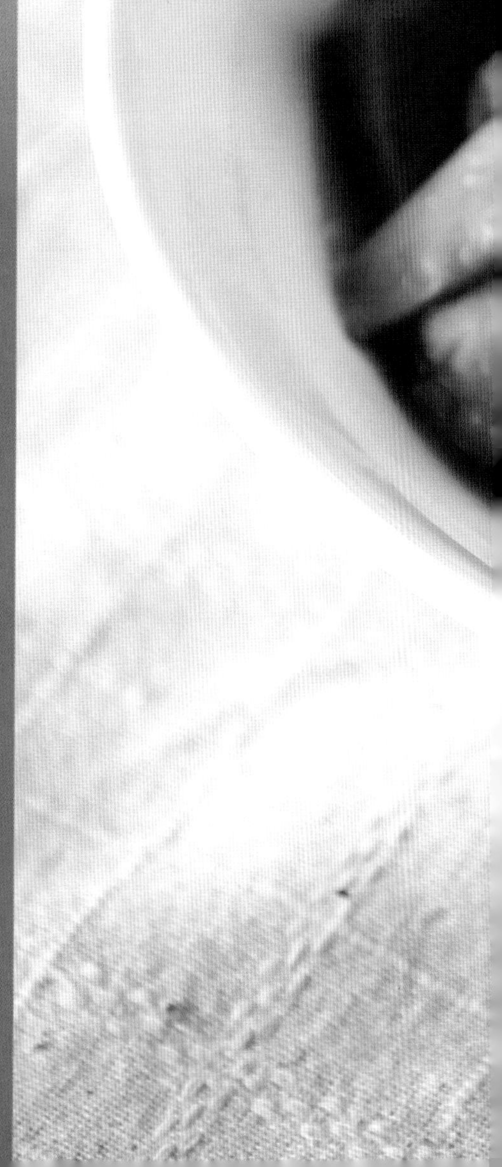

Chikuzeni-ni

Ingredients:

200g Chicken Thigh Meat
100g Carrot
100g Bamboo Shot
1/3 stick Burdock Root
1/2 Lotus Root
12 Snow Peas
4 Shiitake Mushrooms
1/2 pc Konjac
1 tbsp Sesame Seed Oil

Seasonings:

200ml Stock
100ml Soaked Water of Mushrooms
3 tbsp Sugar
2 tbsp Sake
3 tbsp Soy Sauce
2 tbsp Mirin

Methods:

① Soak the shiitake mushrooms, remove the stems and halved. Keep 100ml soaking water for further use.

② Tear the konjac into small pieces and rub with salt, then rinse under running water. Blanch the konjac in boiling water and drain.

③ Peel the carrot and lotus root. Cut the carrot, lotus root and bamboo shots in wedges.

④ Remove the hard strings and tips of the snow peas and blanch in boiling water.

⑤ Scrape off the peel of the burdock root by using the back side of a knife and cut it into wedges, then soak in water with drops of vinegar for 5 minutes to help prevent browning. Rinse.

⑥ Remove fat and skin from the chicken meat, then cut into small pieces. Marinate with sake for 2 minutes.

⑦ Heat 1 tablespoon sesame seed oil in a pot, add burdock root, lotus root, carrot, konjac and bamboo shot in order and stir fry for a while. Then add shiitake mushrooms and chicken meat, keep stir frying over high heat.

⑧ When the chicken meat be cooked, pour in soaking water and stock, lower the heat. Bring to a boil. Skim off the floating foam. Add sugar and sake, simmer for 10 minutes. Then add soy sauce and cover the pot with lid. Simmer over low heat until the ingredients become tender.

⑨ When the soup reduced to half, turn to high heat again. Stir in mirin and snow peas and mix well. Off heat and serve.

羊棲菜煮物

Hijiki no Nimono

材料：

乾羊棲菜 30 克，甘筍 1/4 個，西芹 50 克，豆卜 4 個，鮮冬菇 100 克。

調味料：

糖 1 湯匙，鹽 1/4 茶匙，生抽 3 湯匙，清酒 1 湯匙，水 1/2 杯至 3/4 杯。

做法：

① 羊棲菜放篩中清洗乾淨，放大碗中泡軟後隔水待用。

② 甘筍去皮切小長條，西芹切幼絲。豆卜用熱水洗一下，擠乾水份，切幼條。鮮冬菇用濕布抹乾淨，切薄片備用。

③ 燒熱油鍋，順序加入甘筍、羊棲菜、豆卜、冬菇片翻炒，加入調味料，小火煮。

④ 當水份差不多收乾，加入西芹絲，拌炒均勻，熄火上桌。

Ingredients:

30g Dried Hijiki
1/4 Carrot
50g Celery
4 Abura-age
100g Fresh Mushrooms

Seasonings:

1 tbsp Sugar
1/4 tsp Salt
3 tbsp Light Soy Sauce
1 tbsp Sake
1/2 - 3/4 cup Water

Methods:

① Put the hijiki in strainer and rinse under running water. Then soak in water. Drain.

② Peel and shred the carrot. Shred the celery. Rinse the abura-age with hot water, squeeze dry and cut into thin strips. Wipe the mushrooms with damp cloth and slice.

③ Heat a wok with oil, add carrot, hijiki, abura-age and mushroom slices in order to stir fry. Season with seasonings and cook over low heat.

④ When the juice reduced, stir in celery shreds and mix well. Transfer to a serving plate and serve.

Tips

羊棲菜必須泡軟才可以煮，否則過硬不好入口。

可以因個人愛好加入蓮藕片、牛蒡絲、毛豆等材料。

Hijiki must be soaked before cooking.

You may add lotus root slices, burdock root shreds or green soybeans in this recipe as you like.

羊棲菜煮物 Hijiki no Nimono

南蠻漬柳葉魚

材料：

柳葉魚（多春魚）6 尾，洋葱 1/4 個，西芹 1/3 棵，甘筍 1/3 個，紅黃燈籠椒各少許，紅指天椒 1 隻，薯粉少量。

調味料：

糖 1 湯匙，鹽 1/2 茶匙，生抽 1 湯匙，味醂 1 湯匙，水 1/3 杯，醋 1/2 杯。

做法：

① 製作南蠻醋：洋葱切絲，甘筍去皮切絲，西芹去筋切絲，紅黃燈籠椒切幼絲。指天椒去籽，以溫水泡片刻，切成圓環。將調味料放小鍋中加熱，煮滾後加入指天椒，熄火，再加入其他蔬菜。倒入淺盤或盒子中放涼。

① 柳葉魚解凍洗乾淨，吸乾水份，略以鹽調味，再裹上薯粉，放熱油中炸熟，撈出。

③ 將熱魚馬上放入南蠻醋裏醃泡最少 1 小時，即可食用。

註

南蠻漬的做法可應用在多種食材上，例如炸雞塊、炸蠔等。魚類除了柳葉魚也可以用炸魚，甚至較大的魚。要注意的是，如果魚比較大，要分開兩次炸：第一次炸完要等魚完全冷卻，再炸第二次，可使魚較為香脆。

Shishamo no Nanban-zuke

Ingredients:

6 Shishamo Fishes
1/4 Onion
1/3 stalk Celery
1/3 Carrot
Red and Yellow Bell Pepper
1 Red Hot Pepper
Potato Starch

Seasonings:

1 tbsp Sugar
1/2 tsp Salt
1 tbsp Light Soy Sauce
1 tbsp Mirin
1/3 cup Water
1/2 cup Vinegar

Methods:

For Nanbansu (vinegar):

① Shred the onion. Peel and shred the carrot. String the celery and shred. Cut the red and yellow bell peppers into thin strips. Deseed the hot pepper, soak it in warm water for a while, then cut in round. Heat the seasonings in a small saucepan and bring to a boil. Add hot pepper pieces. Off the heat, add all other vegetables. Let the sauce be cool in a swallow tray or food container.

② Thaw the shishamo fishes. Wash and drain. Combine the fishes with a little salt, then dredge them in potato starch. Fry the fishes in hot oil until golden brown.

③ Drop the hot fishes in nanbansu and soak for 1 hour at least. Serve.

Tips

Nanban-zuke is suitable for many fried food, eg. fried chicken pieces, fried oysters, etc. Besides shishamo, many other fishes are well for frying. If a larger fish is used, fry twice for more crispy.

Shishamo fish, literally "Willow Leaf Fish".

Sweetness is a feature of Japanese dishes. You may reduce the amount of sugar for you preference.

豚汁

材料：

五花肉 100 克，白蘿蔔 85 克，甘筍 85 克，牛蒡 1/4 條，小馬鈴薯 1 個，魔芋 1/4 塊，葱粒少許，上湯 500 毫升，清酒 1 湯匙，味噌 2 湯匙。

做法：

① 白蘿蔔、甘筍去皮，一開四再切成小薄片。牛蒡以刀背刮去外皮，切薄片，泡在醋水裏 2 分鐘，以防變色，沖洗後備用。

② 馬鈴薯去皮切小塊，泡水裏以防變色。魔芋以手撕成小塊，汆水 2 分鐘，備用。

③ 京葱切碎，五花肉切成一口大小。

④ 鍋內加油燒熱，放入白蘿蔔、甘筍、牛蒡、魔芋與馬鈴薯同炒至半熟，加入五花肉炒至熟透，加入上湯，大火燒開，撇除泡沫，煮至材料變軟。

⑤ 加入清酒，慢慢以湯勺混合味噌，快將煮滾時加入葱粒，熄火，盛入碗中食用。

註

先炒比較硬身的材料，除上述材料，也可以加入菇類、炸豆腐，甚至小芋頭。

味噌最後再加入，以免香氣消失得太快。味噌的口味可以按照自己的喜愛，混合不同種類的。

Tonjiru

Ingredients:

100g Pork Belly
85g Radish
85g Carrot
1/4 stick Burdock Root
1 small Potato
1/4 pc Konjac
1 stalk Beijing Green Onion
500ml Stock
1 tbsp Sake
2 tbsp Miso

Methods:

① Peel the radish and carrot, devide into four pieces each and slice. Scrape off the peel of the burdock root by using the back side of a knife and slice, then soak in water with drops of vinegar for 2 minutes to help prevent browning. Rinse.

② Peel the potato and cut into small pieces, then soak in water to help prevent browning. Tear the konjac into small pieces, then blanch in boiling water for 2 minutes. Drain.

③ Chop the green onion. Cut the pork belly into bite size pieces.

④ Heat oil in a pot, add the radish, carrot, burdock, konjac and potato to stir fry until half cooked. Stir in the pork belly and cook through. Pour in the stock and bring to a boil over high heat. Skim off the floating foam. Cook until the ingredients become tender.

⑤ Add the sake and miso. Put the miso inside a ladle and slowly add soup into the ladle to let the miso dissolved completely. Sprinkle in green onion chops when the soup is boiling. Off heat immediately. Transfer in small bowls and serve.

Tips

Stir fry the hard ingredients first.

Besides the ingredients in the recipe, you may add mushrooms, fried tofu, even small taros.

Add miso at last, to help prevent miso losing flavour and fragrance. Use any miso at your preference.

大豆芽韭菜炒豬肝

Stir Fried Pork Liver with Sprouts and Chives

材料：

大豆芽菜約 3 両，韭菜 2 両，豬肝 3 両，薑 2 片。

調味：

生抽 3/4 湯匙，糖少許，水 1/4 杯，生粉 1/3 茶匙。

做法：

① 大豆芽略摘取尾洗淨，韭菜洗淨切段。

② 豬肝洗淨切薄片，注入清水浸泡至無血水。期間需換水兩三次。然後放入滾水中氽水後沖淨待用。

③ 燒熱油約 1 $^1/_2$ 湯匙，將大豆芽和韭菜放入，並加入少許鹽炒至軟身。

④ 將豬肝片及調味加入同炒勻，即成。

Ingredients:

115g Soybean Sprouts
75g Chinese Chives
115g Pork Liver
2 Ginger Slices

Seasonings:

3/4 tbsp Light Soy Sauce
Sugar, to taste
1/4 cup Water
1/3 tsp Corn Starch

Methods:

① Remove tails from the bean sprouts, rinse. Wash the chives and cut into sections.

② Rinse the pork liver and cut into thin slices, then soak in water. Change soaking water two or three times until the water is clear. Blanch in boiling water briefly and rinse.

③ Heat 1 $^1/_2$ tablespoon oil in a wok. Stir fry the bean sprouts and chives with a little salt until soften.

④ Stir in pork liver slices and seasonings, mix well. Transfer to a serving plate and serve.

Tips

此是日本家庭主婦心中的中國菜，甚受日本人喜愛。是與一位在日本定居廿多年的的士司機閒談時得到的資料，試後覺得另有一番滋味，和大家分享。

Japanese think this is a Chinese dish and like it much. Once, I talked to a taxi driver who lives in Japan for more than 20 years. He told me the story and I tried to cook it. It tastes good and is easy to cook. I hope you like it as well.

大豆芽韭菜炒豬肝 Stir Fried Pork Liver with Sprouts and Chives

韓國篇

人生第一次和韓國有關聯，是我的小兒子要去韓國「行船」。

來自仁川的家書

家裏環境從來不是大富大貴，兒子唸的是工科學校，畢業之後他選擇了去船塢學師。

在船塢做學徒都是體力工作，周圍的人也比較粗豪，偶一出錯就會被師傅們用粗話問候；對一個在天主教中學剛畢業的孩子來說實在不容易。兒子晚上選擇半工讀繼續進修，吃兩個雞尾包就去上課，每月把大部份工資拿回家幫補。

如是者過了兩三年，滿師了必須要去航海一年，專業資格才會獲得認可。作為母親的我非常不捨，但如果不讓兒子去就是半途而廢，辜負了他一直的努力。

兒子從小很懂事，他安慰我不要擔心，說會給我寫信，而兒子給我的家書，很多時候都是從韓國的仁川寄出。這是我人生第一次和韓國有關。

兒子做海員那一年，對我來說實在折磨。每當香港有颱風，我都會站在窗前祈禱，希望兒子的船不受風浪影響。女兒們安慰我說，香港颳颱風不代表世界其他地方也有颱風；這道理我當然明白，但做母親的總是會惦記孩子。

好不容易熬過了一年，兒子終於回來了，我跟他說，家裏再艱難也不許去航海了，留在香港吧。

轉眼數十年過去，兒子今天在國際集團的中國分部做高管，事業算是發展不錯，依然是全情投入工作，待人接物也很謙虛包容，深深得到同事夥伴們的敬重。我對兒子的辛勞有回報固然高興，但更讓我安慰的是他並未被社會腐蝕，至今仍然保留儉樸實際的性格與生活模式。

文化差異

到了九十年代，寶兒也去漢城（今天的首爾）出差了幾次。寶兒一直是適應能力很強的人，但她回來卻說吃不消。寶兒說除了街頭幾個熟悉的商標，其他一個字她也沒看懂。街頭會說英文的人不多，就連合作的酒店也只派一位女員工來接頭，原因是韓國男人不喜歡跟女人談生意！

寶兒回來還說同行的女同事差點餓死了，因為那女孩不吃牛肉不吃辣，每頓飯都餓着，想想都覺得她可憐。

那年代的韓國對我們來說還是遙不可及，至少不是香港人會選擇的旅遊地方。

《大長今》引發韓流

香港韓流的出現，始於《大長今》。這部電視劇不但讓我們認識了韓國明星，讓我們在街上看見穿韓國古裝的小長今，也勾起了大眾對韓國菜的興趣。

在《大長今》之前，韓國餐館在香港寥寥可數，都以韓國烤肉為主。那年代的烤肉盤，附帶一個載滿醬汁的圈圈，當年用來燒烤的都是醃製好的牛肉薄片，附送的小菜也只有泡菜、豆腐和豆芽。

隨着《大長今》的爆紅，港九突然冒起了很多韓國餐廳；尖沙咀的金巴利道更成為了「小韓國」，整整一條街佈滿了韓國餐館、小食店和超市，好不熱鬧。這些韓國超市和小食店的出現，豐富了大家的味蕾，也讓大家對韓國飲食文化有更深入的認識。

《大長今》說的是宮中御膳，看起來雖然有趣，終究不接地氣，不是一般老百姓可以接觸到的事物。現實生活中，我很喜歡韓國菜附送的小菜，每次烤肉還沒上桌，我已經忍不住起筷，還笑說這時候來一碗白粥已經可以飽肚。

韓國泡菜

韓國人的泡菜多樣化，除了用大白菜醃製，也有用芝麻葉、白蘿蔔、小松菜、青瓜等等，泡菜醃製的時間長短也有分別：時間長一點泡菜會比較酸，時間短的話則會比較脆。我這次介紹的泡菜炒五花腩肉，應該用酸一點的泡菜才好味道，因為酸味可以中和五花腩肉的油膩。

韓國人也喜歡生醃的食品，除了螃蟹，也有章魚、魷魚、魚子（類似明太子）、螺肉等，用來拌飯就是簡單的一頓飯。其他還有甜糯的煮黑豆、煮蓮藕、醬油蒜頭等，都是美味開胃有營養，還可以在冰箱裏存放一段時候的下飯伴菜。

人參雞湯

韓國日常的飲食習慣，都是一道主菜配以白飯和泡菜。最常見的是紅燜牛肋骨，裏面有蘿蔔和牛肋骨，味道偏甜，醬汁比較多，有點湯菜的感覺。

比較奢華的是人參雞，雖然雞肚裏釀了一點糯米，但還是會配上白飯，我甚至見過有些韓國人把米飯倒進湯裏，成為了人參雞湯泡飯。

在北京和瀋陽有韓國人聚居的區域，也開了不少人參雞湯專門店，寶兒也試過買來給我嚐嚐。他們用的雞隻大小如春雞，利用封塑機就可以把一整隻雞連同熱湯封起來供外賣。以當年五十多元的價格來說並不便宜，但寶兒說北方天氣寒冷的時候，只有吃人參雞這樣的晚飯才覺得身體暖和，走在街上才不發抖。

不過說起來很好笑，韓國人覺得人參雞湯應該在夏天吃，因為夏天吃了很熱的東西會出汗，身體裏不好的物質就會隨着汗水排出體外；韓國人在吃人參雞湯的時候也會加入葱粒、鹽和胡椒，一方面是調味，另一方面也是增強了排汗功能。

我倒覺得夏天出汗多了，人會覺得容易累，人參雞湯可以補充體力。我這個想法，應該和日本人在夏天吃鰻魚的道理不謀而合了。

重新認識韓國

近年去韓國旅遊的港人很多，韓星迷倒了不少人，市面上也出現了韓國手機與美容產品等等，這現象在幾十年前簡直是天方夜譚，看來真的是「風水輪流轉」。成功的背後總有很多辛酸與努力，也需要一定的耐心與堅持。就好像醃製泡菜，除了要時間，還要細心，不然一個小疏忽可能破壞了一缸收成。

雖然我常笑說韓劇來來去去都是董事長和不治之症，但我卻認真的把《大長今》整套看完。我永遠記得曾經有一位女士「大長今」，為我們打開了韓國這扇門，讓全世界對韓國這國家有了新的認識。

olleh kt
본사 직영점
편의점포차
생맥주 1,900원
B1
club
노래연습장
방탈출
ONSIKI 5F HAIR
beauty x health

紅燜牛肋骨

材料：

冰鮮牛肋骨1份（約3-4件），紅蘿蔔、白蘿蔔各適量，栗子肉10-15粒，洋葱1/2隻，蒜肉2粒。

調味：

生抽約2湯匙，鹽少許，茄汁約3湯匙，糖少許。

做法：

① 牛肋骨汆水後洗淨，紅、白蘿蔔去皮切成滾刀塊。栗子去殼及內層，洗淨待用。

② 燒熱少許油爆香蒜肉放入牛肋骨略爆，加入過面約一隻手指深的水份，煲滾後改用小火燜煮，至牛肋骨已八成腍，加入紅、白蘿蔔同煮，如水份不夠，可略添加熱水，再燜煮至牛肋骨全腍。

③ 洋葱切塊，用少許油略炒，與栗子同加入牛肋骨中，並加入調味，用小火燜煮至材料腍，汁收濃即成。

註

牛肋骨要先煮腍，才可加入其他材料。這道菜雖較難煮，但可試味，只要有耐性，一定成功。

Korean Braised Beef Short Ribs

Ingredients:

1 pack Frozen Beef Short Ribs (about 3-4 pieces)
Some Radish and Carrot
10-15 Chestnuts
1/2 Onion
2 Garlic Cloves

Seasonings:

2 tbsp Light Soy Sauce
Salt, to taste
3 tbsp Ketchup
Sugar, to taste

Methods:

① Blanch the ribs in boiling water, then rinse under running water. Peel the carrot and radish and cut into wedges. Remove the shell and peel of the chestnuts, rinse.

② Heat 1 tablespoon oil in a large pot, sauté garlic until fragrant. Add the ribs and toss. Add water enough to cover all the ribs and 7-8 cm beyond. Bring to a boil over high heat, then lower the heat. Simmer until the ribs become tender. Add the carrot and radish pieces to cook. If the liquid dried up, add some hot water and simmer until all the ribs are very tender.

③ Cut the onion into pieces. Stir fry with a little oil. Add the fried onion and chestnuts into the pot. Season with seasonings. Simmer further until the liquid reduced.

Tips

Cook the beef short ribs to tender before adding other ingredients. This dish takes longer time. Observe and taste all the time when cooking. Remember that success comes with patience.

人參雞湯

Ginseng Chicken Soup

材料：

童子雞或細隻冰鮮雞 1 隻，糯米 1/2 杯，鮮人參 1 枝，紅棗 6-8 粒，蓮子少許。

調味：

鹽少許

做法：

① 雞除內臟洗淨，將鮮人參放入雞腹中。

② 糯米洗淨，略浸水片刻，瀝去水份，釀入雞肚中，用牙籤封口。放入湯煲中，待用。

③ 將蓮子和紅棗同放入雞煲中，加入適量水份（需蓋過面），如煲雞湯待大火煮滾後，改用中火煲至雞熟透，湯濃，放入調味即成。

Ingredients:

1 samll Chicken

1/2 cup Glutinous Rice

1 Fresh Ginseng

6-8 pc Red Dates

Some Lotus Seeds

Seasonings:

Salt, to taste

Methods:

① Discard the innards of the chicken and rinse through. Stuff the ginseng into the chicken.

② Wash the glutinous rice, soak for a while. Drain and stuff into the chicken. Seal with toothpicks. Place in a large pot.

③ Add the lotus seeds and red dates. Add water enough to cover the ingredients completely. Bring to a boil over high heat, then lower the heat. Cook the soup over medium heat until the chicken cooked through and the soup condensed. Season with seasonings and serve.

Tips

人參雞湯是清補的食品、可湯、可菜，注意處是雞釀入糯米後需封口妥當，否則糯米漏出，會使湯中有米，變成粥。

Ginseng Chicken Soup is a tonic food. It is a soup as well as a dish served with rice.

Pay attention to seal the chicken tight after stuffing glutinous rice. Otherwise, the soup will become congee.

人參雞湯 Ginseng Chicken Soup

海鮮葱餅

Haemul Pajeon

材料：

鮮魷 1/2 隻，蝦仁、帶子各適量，葱 3 條，麵粉約 1 $^1/_2$ 杯，雞蛋 2 隻。

調味：

鹽、胡椒粉各少許。

做法：

① 鮮魷剝去外層薄膜，洗淨，切成幼條狀。蝦仁，帶子洗淨以及吸乾水份，可略切薄片。

② 麵粉放大盆中，加入蛋汁及適量水份攪拌均勻成濃漿狀。

③ 在易潔鑊中抹少許油燒熱，倒入少許麵漿，離火，放入海鮮料和葱段。

④ 再將鑊放回火上，再加麵漿在上面，放入調味。待底部略焦黃，反轉葱餅，煎至熟透，即可整個上碟或切件。

Ingredients:

1/2 Squid

Shrimps and Scallops

3 Spring Onion, sectioned

1 $^1/_2$ cup Flour

2 Eggs

Seasonings:

Salt and Pepper, to taste

Methods:

① Pull out the squid tentacles from the main body. Rinse through and cut into thin stripes. Wash the shrimps and scallops, pat dry with kitchen towel. Half slice the scallops.

② Sift flour in a large mixing bowl. Whisk in eggs and adequate water, mix well to form a thick batter.

③ Preheat a non-stick flat griddle with a little oil over medium-high heat. Scoop pancake batter onto griddle and off heat. Add seafood ingredients and spring onion sections.

④ Turn on the heat again, add more batter on top and season with seasonings. Let pancakes cook until the bottom become golden brown. Flipping. Cook other side until cooked through. Serve in whole or cutting pieces.

Tips

也可將海鮮料放入麵漿中拌勻後再煎成餅。

You may mix the seafood with batter before cooking.

海鮮葱餅 Haemul Pajeon

泡菜炒腩肉

Kimchi Pork Belly Stir Fry

材料：

豬腩肉約 4-6 両，泡菜約 4 両，蒜片少許。

調味：

生抽 1 $^1/_2$ 茶匙，糖 1/2 茶匙。

做法：

① 腩肉洗淨去皮切成薄片，放入調味拌勻。

② 泡菜可略切成小塊或條狀，隨意。

③ 燒熱少許油，放入腩肉片，爆炒至熟，放入蒜片同炒至香。

④ 將泡菜加入，同豬肉片混合炒透，即成。

Ingredients:

150-225g Pork Belly

150g Kimchi

Garlic Slices

Seasonings:

1 $^1/_2$ tsp Light Soy Sauce

1/2 tsp Sugar

Methods:

① Wash the pork belly. Remove the skin and slice. Combine the pork with seasonings.

② Cut the kimchi into small pieces or strips.

③ Heat oil in a wok, add the pork and toss until cooked. Add garlic slices and stir fry until fragrant.

④ Stir in the kimchi and mix well. Transfer to a plate and serve.

Tips

如喜歡吃辣，可加入少許泡菜汁，泡菜各有不同鹹味，可先試味再加鹽。

There are many different varieties of kimchi. It's better to taste before adding salt. If you prefer more spicy flavour, you may add kimchi sauce to the dish.

泡菜炒腩肉 Kimchi Pork Belly Stir Fry

菲律賓篇

菲律賓與香港，總給我一種「這麼近、那麼遠」的感覺。

不一般的菲籍家傭

菲律賓與香港，總給我一種「這麼近、那麼遠」的感覺。

近，是因為按照二零一七年數據，香港有超過二十萬的菲律賓外傭；在街頭、在菜市場、在地鐵，都不難看到菲律賓女士的身影。遠，是因為香港雖然有超過二十萬菲律賓外傭，但我們對菲律賓的認識卻不深；至少沒有大家對日本、韓國、台灣的那麼熟悉。

當我開始在電視台工作的時候，正值香港政府開始引入菲籍外勞。那時為了讓自己可以專心於電視台的工作，我也就聘請了第一位家傭。也許當年雙方都欠經驗，那次合作並不愉快，約滿之後我也好一段日子沒再聘用外籍家傭。直到兒子委託我幫忙照顧孫兒，他出資讓我請了外籍家傭，也同時保留了他本來的家傭，目的是讓當年只有六歲的孫兒容易適應新生活。同時和這兩位家傭一起生活，也就讓我對菲律賓的情況了解更深。

一直為我兒子服務的家傭，是一位四十來歲、已經有十多年家傭經驗的女人。因為不是新手，她難免有點「老油條」行為，但我眼見她與孫兒相處不錯，所以只要不太過份，我也就「隻眼開、隻眼閉」。另一位新聘請的是只有二十來歲的女孩，她有一個同樣在香港打工的母親。這女孩很孝順，她希望自己可以賺多點錢，讓父母早日在菲律賓團聚。

有一次我兒子回來香港小住幾天，這女孩在洗衣服的時候，拿着兒子的衣服來問我，「嬤嬤，Uncle Joe是在這公司工作嗎？」我看了一眼衣服上繡着的logo（商標），「是啊。你知道這公司？」女孩有點感慨的告訴我，她以前是這公司的菲律賓代理的秘書。我當時很訝異，晚上就把事情告訴了兒子，兒子也就去跟她聊了幾句，公司的人事她居然還知道。兒子也很感慨，「她能在那公司上班也不簡單，她是讀過大學的，可惜菲律賓工資低，不然也不需要來香港做家傭。」

事實上，這女孩確實很不一樣，她說話與舉止都很斯文，有幾次星期日她放假後回家，我和女兒看到她的打扮，都誇讚她時髦漂亮，穿衣很有品味、不俗套。她很有藝術細胞和美感，我們在家裏請客的時候，從來不用操心，從餐具、插花到飯菜，她都打點得非常精緻。她也很有音樂天賦，唱歌與彈吉他都精通，我們一家人都很喜歡她，與她的感情也越來越深厚。

忽然有一天，她跟我們說，想去加拿大工作，因為也許有機會移民，這樣對她自己和對家人都有幫助。我們雖然不捨，但理解並支持她去為自己的將來奮鬥。

時至今日，我們與她還保持着聯繫，她已經在加拿大找到同鄉結婚，丈夫也有事業基礎，她有了自己的房子，做着一些小生意；加國菲律賓兩地跑，生活看來安定愉快。我不知道她實現了多少計劃，但我們對她的現狀都很安慰。也許有人會覺得她野心太大，我們卻佩服她肯為自己打算。至少她沒有渾渾噩噩過日子，而是努力往更好的方向進發。

也因為她對生活的熱情，間接增加了我們對菲律賓美食的認識。

好幾次她從菲律賓休假回來，都會帶菲律賓雪糕給我們，有別於一般的芒果味，她會給我們帶芋頭與木薯的組合，味道至今讓人難忘。

她曾經帶我去東南亞食品店買鴨仔蛋，我們也曾經邀請她去尖沙咀的菲律賓餐廳晚飯，她介紹我們吃了幾道小菜，看見我們喜歡接受，回家後也照辦煮碗做了出來。

因為她聰明勤快，下午往往有時間休息，她會從我的書房借一兩本各地食譜，坐在廚房後面的空間靜靜閱讀。有時候她也會拿出吉他玩一會兒，然後又繼續做她的家務。也許是教育的關係，她確實是我見過的外籍家傭裏最有系統、時間管理得最好的一個。

因為我也有孩子在異鄉工作，所以我能理解思鄉的情緒，對外籍家傭會盡量包容，當然這不代表家裏可以沒規矩。

我見過大戶人家如何生活，所以我知道家傭的能力與界線。我常跟寶兒說笑，真正的有錢人家請家傭，是精細分工：負責開門的不做清潔，洗衣的不用做飯，帶孩子的也不用去買菜。對比今天，香港大部份家庭要的不是家傭，而是超人，甚麼都依靠家傭做妥，我甚至見過很多母親把孩子完全交給外傭。我跟寶兒說，如果外傭可以代替媽媽，那男人娶的老婆應該是外傭。

我最近看了一個新加坡的電視廣告，訪問了幾位孩子與他們的母親及外傭，結果發現外傭比母親更了解孩子，因為孩子與外傭相處的時間更多。自從香港引進了外傭，家裏的婦女都可以走出去，不管是上班還是幹別的，都比我們的年代自由得多。

今天的勞資關係應該講求平等與尊重，絕對不能以金錢或者氣勢凌人，我們應該感恩有人分擔了家裏的工作，善待離鄉別井來到香港的外傭；而外傭也應該珍惜找到了收入不錯的工作，盡心盡力提供服務。

瑪麗與菲律賓菜

我們家現在的外傭瑪麗也是來自菲律賓，是一位善良單純的姑娘，在我們家已經好幾個年頭。瑪麗對家裏各人都很好，對我們的愛貓嘉嘉更是溺愛。

她對美食的熱情非常有限，但耳濡目染下也學會了做豉油雞、蘇式熏魚、麻婆豆腐、蒸魚等家常小菜，中國人一般的煲湯也難不倒她，我們平常有客人來吃飯，都是瑪麗一手包辦。

有時候我會與瑪麗一起去菜市場，若看到一些菲律賓也有的食材時，她會告訴我，然後我們就買回家試試看。好像池魚，寶兒很喜歡買給嘉嘉吃，有時候我們看見特別新鮮，就會拿走幾條自己吃，寶兒老說我們是「乞丐兜裏搶飯吃」（因為嘉嘉除了池魚不吃其他的）。瑪麗說菲律賓人很喜歡用醋把魚醃起來，也不用放冰箱。我猜這是因為在一些鄉下地方，冰箱還不是那麼普遍。我告訴瑪麗，香港跟菲律賓不一樣，我們家裏有冰箱，放在裏面可以保持衛生，不然吃了會拉肚子。

最近日本的醫學界發表青背魚的營養非常好，而池魚也就是青背魚的一種。池魚沒甚麼細魚刺，醃製之後再煎很惹味，很適合香港的夏天。

菲律賓除了海產豐富，也出產農作物，茄子是常見的蔬菜。瑪麗喜歡用蛋漿煎茄子，那是菲律賓菜中別樹一格的做法。

至於鮮檸煮雞雜，口味與菲律賓的名菜「阿多寶（Adobo）」很相似：阿多寶一般只用醋，而這次我們用上了新鮮檸檬，酸味就更豐富。

因為天氣炎熱的緣故，菲律賓不太講究要吃熱菜，以上說的三個菜都可以放涼了來吃，素炒米粉也不例外。我對不冷不熱的菜餚比較抗拒，因為大部份中菜都習慣了熱吃，但素炒米粉就算放涼了，我覺得還是可以接受。我們家的習慣是煮一鍋清粥，然後請瑪麗做素炒米粉，既簡單飽肚又不肥膩，味道也非常好，家人都很喜歡。

我知道很多人會批評埋怨家傭不會做中國菜，但換位思考，我們對她的家鄉菜也不太認識，不是嗎？其實不妨以美食作出發點交流一下，在滿足口福之餘，也去了解一下雙方的文化、體諒一下各自的心情吧。

醋醃池魚

材料：

新鮮池魚 3-4 條，蒜蓉 1/2 茶匙，青、紅椒粒約 1 湯匙，乾蔥片少許。

醃料：

白醋 1 湯匙，鹽 1/2 茶匙，胡椒粉少許。

調味：

白醋 1 1/2 湯匙，生抽 1/2 湯匙，糖 1/2 湯匙至 3/4 湯匙，水約 2 湯匙。

做法：

① 池魚劏後，洗淨，用醃料醃數小時（可隔夜）。

② 將醃透的魚用少許油煎至熟透，先上碟待用。

③ 另用少許油，爆香乾蔥片，放入青、紅椒粒，再加入調味煮勻，淋上魚面即成。

註

池魚是海魚，營養豐富，價較廉。這是我家賓姐拿手菜之一，不妨一試。

青、紅椒可隨意加入或不放。

菲律賓氣候炎熱，一般口味喜愛酸，略帶少許甜，可隨個人口味改變糖醋的比例。

Vinegar Striped Jack Mackerel

Ingredients:

3-4 Fresh Striped Jack Mackerel
1/2 tsp Minced Garlic
1 tbsp Chopped Red and Green Pepper
Shallot Bulb Slices

Marinade:

1 tbsp Rice Vinegar
1/2 tsp Salt
Pepper, to taste

Seasonings:

1 $^{1}/_{2}$ tbsp Rice Vinegar
1/2 tbsp Light Soy Sauce
1/2 - 3/4 tbsp Sugar
2 tbsp Water

Methods:

① Clean and rinse the fishes, drain. Marinate with marinade for hours or overnight.

② Pan fry the marinated fishes until cooked through. Transfer to a plate.

③ Heat some oil in a frying pan, saute shallot slices until fragrant. Add chopped green and red pepper, stir well. Add seasonings and bring to a boil. Pour the sauce over the fishes. Serve.

Tips

Striped Jack Mackerel is caught all year round. It is not expensive and being rich in vitamins and minerals.

Peppers are optional in this recipe.

Filipino like sour flavour because of the hot weather. You may adjust the vinegar and sugar ratio for your flavour.

鮮味煮雞雜

Lemon Chicken Innards

材料：

雞腎、雞肝、雞心各 5-6 個，乾葱 2 粒，蒜肉 2 粒，薑 2 片，新鮮檸檬 1 個。

調味：

老抽 1/2 湯匙、生抽少許、糖 3 茶匙，醋適量。

做法：

① 將雞雜用少許鹽略擦，沖洗乾淨，待用。

② 檸檬洗淨搾汁，皮切件待用。

③ 燒熱少許油爆香乾葱、蒜肉，放入雞雜略炒，轉盛入小瓦煲中，放入檸檬皮、調味及過面的水份，煮至滾起，取出檸檬皮，用小火煲至材料熟透。

④ 加入檸檬汁，試味後酌量加糖調味，至有甜酸味即成。

Ingredients:

5-6 pc each Chicken Gizzard, Chicken Liver and Chicken Heart
2 Shallot Bulbs
2 Garlic Cloves
2 Ginger Slices
1 Lemon

Seasonings:

1/2 tbsp Dark Soy Sauce
Light Soy Sauce, to taste
3 tsp Sugar
Vinegar

Methods:

① Rub the chicken gizzards, livers and hearts with salt. Rinse and drain.

② Wash the lemon and squeeze. Cut the lemon peel into pieces.

③ Heat oil in a wok, sauté shallot bulbs and garlic until fragrant. Add the chicken gizzards, livers and hearts, stir fry briefly. Transfer to a clay pot, add lemon peel, seasonings and water enough to cover all the ingredients. Bring to a boil, remove the lemon peel, simmer over low heat until the ingredients cook through.

④ Add the lemon juice. Taste and add sugar to adjust the sourness.

鮮味煮雞雜 Lemon Chicken Innards

軟燒茄子

Soft Roasted Eggplant

材料：

茄子 1-2 隻，雞蛋 2 隻，粟粉適量。

調味：

鹽、胡椒粉各適量。

做法：

① 茄子洗淨直切成數片，連蒂不切斷，待用。用白鑊略煎烘至略軟。

② 雞蛋打散成蛋汁放入調味拌勻。

③ 將烘至略軟的茄子沾上蛋汁，再灑上粟粉在面。

④ 將上項材料用少許油煎至面呈金黃色即可上碟。

Ingredients:

1-2 Eggplant

2 Eggs

Corn Starch, for coating

Seasonings:

Salt and Pepper, to taste

Methods:

① Wash the eggplants and slice lengthwise. Don't cut off the stem. Grill the eggplants in a dry frying pan without oil until soften.

② Beat the eggs with seasonings.

③ Coat the eggplants with beaten egg. Sprinkle with corn starch on both sides.

④ Heat oil in a frying pan, fry the eggplants until golden brown. Transfer to a plate and serve.

Tips

菲律賓傳統做法是將茄子先用炭火燒至軟身，再沾蛋漿炸；我家賓姐自己改良省事，但又能保存特色，不妨一試。

In Philippines, the eggplants are roasted over charcoal until soften, then deep fry in beaten egg. My domestic helper simplifies the method as mentioned above. It's easy to cook and delicious.

軟燒茄子 Soft Roasted Eggplant

素炒米粉

Fried Rice Vermicelli with Vegetables

材料：

椰菜 1/3 個，甘筍 1/2 個，洋葱 1/2 個，雲耳少許，西芹少許，乾米粉 2 餅。

調味：

生抽適量

做法：

① 將米粉用清水浸軟，瀝乾待用。

② 雲耳浸透洗淨，與椰菜、甘筍、洋葱、西芹同切粗條待用。

③ 燒熱油約 2 湯匙，將上項材料炒透，並放入鹽少許及水約 1/4 杯煑勻。

④ 將米粉加入炒透，加入調味即成。

Ingredients:

1/3 head Cabbage
1/2 Carrot
1/2 Onion
Some Cloud Ears
Some Celery
2 pc Dried Rice Vermicelli

Seasonings:

Light Soy Sauce, to taste

Methods:

① Soak dried rice vermicelli until soften, then drain.

② Soak and rinse cloud ears. Cut cabbage, carrot, onion and celery into thick shreds.

③ Heat 2 tablespoon oil in a wok, stir fry the vegetables and cloud ears thoroughly. Add a little salt and 1/4 cup of water, cook for a while.

④ Stir in rice vermicelli, mix well. Season with seasonings.

Tips

這也是我家賓姐的拿手食譜之一，據説是菲律賓家庭主食，因是快捷簡便，味道好且合健康飲食，與粥配合同食是不錯的一餐，是我家的例牌。

Fried Rice Vermicelli is one of my domestic helper's adept recipes. This is a common recipe in Philippines families. Since it is easy and convenient to cook, the taste is good and also a healthy dish. I enjoy to have congee with fried rice vermicelli at home.

素炒米粉 Fried Rice Vermicelli with Vegetables

越南篇

每當我嚐到美味的越南廚藝，我都在心裏為越南人鼓掌。

意廬回憶

八十年代初，我常常去山林道的一家越南餐廳「意廬」。那時候越南菜在香港不算很流行，除了山林道，記憶裏只有灣仔修頓球場對面的一家，和利舞台附近另一家。

意廬的老闆是越南人，食品水準非常高，每天都滿座。後來不知道甚麼原因關門了，很是可惜。某天寶兒告訴我，意廬的原班人馬在佐敦德興街另起爐灶，雖然門面說是「職業樂師同樂會」，但因為可以現場入會，變相就是誰都可以去了。可惜的是樂師同樂會後來也結束了營業，越南菜也就淡出了我的世界。

與越南菜結緣

直到大女兒嫁了一個法國人，我們家又再開始接觸了越南菜。眾所周知，越南曾經是法國的殖民地。女婿一直從事外交工作，越南對法國人來說是很重要的國家。巴黎的十三區是個小越南，每次我去巴黎探望女兒，女婿都會帶我們去十三區吃越南菜。

我感覺巴黎十三區的越南菜比香港的都正統美味，選擇也更豐富。我記得女婿帶我去一家類似私房菜的餐館，主理的是一對法籍越南裔父女，女婿說他從大學開始就光顧這餐廳，難怪老闆看見他時非常高興熱情。我們去吃越南河粉的時候，老闆先拿出了一個小爐，然後放上了一鍋鮮味的牛肉牛筋湯，每人在自己的湯碗裏放好河粉、芽菜、生牛肉，再加上熱湯、洋葱和香菜等配料。女婿說這是越南家庭最傳統的吃法，我也覺得一家人這樣分享，好像比端上來每人一碗有氣氛得多。

後來，我的小兒子也在新加坡結婚了，他的丈母娘當年在新加坡開了一家很有名的越南餐廳，而我這位親家也確實煮的一手上好越南菜。當親家退休後，只是偶然才會在家中一展身手。每次當我們在外面吃越南菜，孫兒和兒子都會說：「嗯，還是婆婆的越南菜更好味道……」

我一直覺得，要有好的廚藝，首決條件是懂得吃，在越南菜方面，我的女婿和孫兒都擁有這個優勢。

女婿因為長時間接觸越南文化與越南菜，所以對很多越南家常菜餚都非常熟悉，加上法國人熱愛美食的基因，他每次講到越南菜就兩眼放光。女婿每次來香港都會親自下廚示範，讓我們大飽口福。

至於孫兒，他對家人都很愛護尊重，每次他外婆下廚，他都盡量從旁協助並偷師，並在回港之後弄給我吃。雖然每次我和菲傭姐姐都笑他大陣仗（孫兒連魚露都要指定品牌，還要我們兩人當他助手），但孫兒做的越南凍卷和碌冧（越南的甜酸魚露，是經過調製的）都有專業水準，看來真的是名師出高徒。

我很珍惜和家人相處的時間，雖然一家人相處的時候難免是「飲飲食食」，但我覺得如果光顧着吃就太浪費了。通過一起做菜、一起研究，可以灌輸孩子一些生活常識與價值，培養一些良好生活習慣。我常常跟孫兒說，我們不是沒有每天在外面進餐的財力，但正常人的生活不可能這樣，在家裏吃飯總比較健康舒服，也比較經濟。現在孫兒已經學成並在新加坡上班，他還是堅持大部份時間在家裏用晚餐，我覺得這不僅是一個良好的生活習慣，也為他將來的生活定下了一個好基礎。

家中的越菜

法國女婿最喜歡做的越南菜，就是魚露滷肉。雞蛋和五花腩肉，可以說是烹飪裏最簡單的材料之一。越南人最常用的調味料是魚露，而非醬油。魚露的鹹鮮味比醬油濃，色澤卻比較淡，烹調的時候千萬不要一下子放太多，不然過鹹就很難補救。魚露滷肉可以配飯，或者跟凍檬粉甚至法包都可以。每次女婿做這個菜，他都強調既簡單又美味，更重要的是價格不貴。好幾次我都差點衝口而出：其實你可以請我吃貴一點的，哈哈！

親家的越南酸湯做得非常好，是我們至今喝過最美味的越南酸湯。我這次介紹的版本是簡化了一些材料，如果你能買到越南的蓮藕苗，當然可以加進去，但沒有的話也影響不大，因為最重要是酸湯的味道，那才是真正的關鍵。有些人的做法是加入了很多越南香草例如鵝蒂、白霞等，但這些材料在香港不算很普遍，我們做的是簡化版，也就可以省略了。

「濱海」是越南話，意思是煎過的米粉。以生菜葉包裹濱海和牛肉，加上香菜、蘸一點越南碌冧（魚露）進食。今天市面上的越南餐館大多都不再煎米粉了，我也覺得分別不是太大，功夫卻省了不少。至於那個牛肉，除了跟濱海一起吃，也可以用來配法包做三明治，可以隨自己喜好而變化發揮。

百花脆片，是我在洛杉磯的越南餐廳吃到的。美國有很多越南移民落地生根，經營越南餐館的人不少，水準也很不錯。其中一家用蝦膠與腐皮做了這個菜，是一個很好的前菜，用來下酒更是適合。

簡單細緻的越南菜

我覺得越南菜特別之處，在於它把精緻和簡單平衡得很好，我不喜歡刻意與花巧，但也不贊同粗製濫造。越南菜一般來說做法都不太複雜，出來的效果卻給人精細的感覺。近年很多國際時裝品牌都在越南代工，應該就是看中了越南人的利落手藝。

我總覺得越南的歷史有點可憐，香港也曾經接濟了大量的越南難民。能在戰火中存活的人都不簡單，需要堅韌的性格和莫大的運氣。每當我嚐到美味的越南廚藝，我都在心裏為越南人鼓掌。

但願這世界可以再無戰爭，每個人都安居樂業，過上自己滿意的日子。

越式滷肉

Vietnamese Braised Pork

材料：

豬腩肉一塊約重 12 両，雞蛋 4 隻，薑片、乾葱片各少許，魚露約 1/4 杯，椰糖適量。

調味：

糖、鹽各少許。

做法：

① 將腩肉汆水，洗淨，切成塊。雞蛋連殼煮至熟透，浸凍水，剝殼待用。

② 將腩肉放入煲中，放入椰糖約 1/2 湯匙，慢火拌炒，使豬肉變色，沾上湯汁。

③ 將魚露及過面的水份加入上項豬肉中，並放入雞蛋，同滷至入味即成。

Ingredients:

450g Pork Belly
4 Eggs
Ginger Slices
Shallot Bulb Slices
1/4 cup Fish Sauce
1/2 tbsp Coconut Sugar

Seasonings:

Sugar and Salt, to taste

Methods:

① Blanch the pork belly in boiling water and rinse under running water. Cut into pieces. Cook the eggs with shell until hard boiled. Then drop into cold water and remove the shells.

② In a large pot, add the pork and coconut sugar. Stir slowly with a spatula until the pork changed colour.

③ Add fish sauce and water enough to cover the ingredients completely and bring to a boil over high heat. Then lower the heat and add eggs. Simmer over low heat until cooked.

Tips

燜、滷的菜式較難，因要注意火候，好處則是可以試味。

用椰糖有香味及特色，用白糖也可以。

越式滷肉是越南的家庭菜。

Braising and stewing dishes are more difficult to handle. They need more time and patience, but you can control the taste easily.

Coconut sugar has special fragrance and flavour. You may use sugar instead.

Braised pork is a common dish in Vietnamese families.

越式滷肉 Vietnamese Braised Pork

魚酸湯

材料：

生魚1條，新鮮或罐裝菠蘿2-3片，番茄2個（小），蒜肉3粒，金不換絲適量，酸子膏約2-3湯匙（可隨個人對酸味的喜愛）。

調味：

糖、鹽、魚露各適量。

做法：

① 生魚去鱗劏肚洗淨，起肉切片待用。

② 魚骨用鹽略醃，煎香，灒酒，加清水熬成湯底。（煲好後取出魚骨。）

③ 將番茄及菠蘿切塊，放入湯中同煮。

④ 酸子膏用水浸泡，去渣留汁，加入湯中，放入調味試味。

⑤ 將魚肉放入生粉、生抽、酒各少許拌勻，放入湯中，待熟。

⑥ 蒜肉剁碎，用少許油爆香，加入湯中，並放入切碎的金不換即成。

註

金不換即九層塔。

Canh Chua Cá
(Sour Fish Soup)

Ingredients:

1 Spotted Snakehead Fish
2 Tomatoes (small)
Basil, fine chopped
Ginger Slices
2-3 slices Pineapple
3 Garlic Cloves
2-3 tbsp Tamarind Paste

Seasonings:

Sugar   Salt   Fish Sauce

Methods:

① Scraping off the scales from the fish. Gut and wash. Fillet the fish and then slice. Reserve the bones.

② Marinate the fish bones with salt for a while. Fry the bones to golden brown and sprinkle with wine. In a pot, add the fish bones and ginger slices. Pour in enough water to cover completely. Bring to a boil over high heat. Lower the heat and simmer for 30 minutes. Then remove the fish bones.

③ Add the tomatoes and pineapple slices to the soup.

④ Dilute the tamarind paste with water, filter the liquid. Pour the tamarind liquid in the soup. Taste.

⑤ Bring the soup to a boil over high heat again. Add fish slices, corn starch, light soy sauce and wine. Cook through.

⑥ Mince the garlic and sauté in a little oil until fragrant. Add to the soup with chopped basil. Off heat and transfer to small bowls. Serve.

Tips

Basil is a tender plant, and is used in cuisines worldwide.

香茅牛肉濱海

Beef Bánh Hỏi

材料：

越南檬粉適量，靚牛柳肉 4-6 両，香花菜、生菜各適量，香茅 1 枝。

牛肉調味：

魚露 1 茶匙，蠔油約 1 1/2 湯匙，水 2 湯匙，生粉 1 1/2 茶匙。

做法：

① 檬粉用熱水略沖洗，瀝乾水份，分成小份，盤成小堆上碟，待用。

② 牛肉切薄片用調味拌勻，待用。

③ 香茅去外層硬皮，剁碎，放入牛肉中拌勻。

④ 燒油約 2 湯匙，快手將牛肉炒熟盛出，適量放上碟或放檬粉面。

⑤ 用生菜包食，並放上香花菜。

Ingredients:

Vietnamese Cooked Rice Vermicelli (Bún)

150-225g Beef Fillet

Some Spearmint

Some Lettuce Leaves

1 stalk Lemongrass

Seasonings for Beef:

1 tsp Fish Sauce

1 1/2 tbsp Oyster Sauce

2 tbsp Water

1 1/2 tsp Corn Starch

Methods:

① Rinse bún with hot water. Drain and pat dry with kitchen towels. Separate the bún into small portions and twist into bundles on a plate.

② Slice beef and combine with seasonings.

③ Discard the hard stem from the lemongrass and chop finely. Add the chopped lemongrass to the beef and mix well.

④ Heat 2 tablespoon oil in a wok, toss the beef until cooked. Transfer to the plate with bún bundles. Place some beef slices on top of the bundles.

⑤ To serve, wrap the beef and bún bundle with lettuce leaves and put a piece of spearmint on top.

Tips

檬粉像米粉，已熟，在泰國雜貨舖有售，九龍城很易買到。講究衛生可用水略沖洗，但須吸乾水份。

Bún is a type of cooked rice vermicelli which can be bought at Thai grocery stores at Kowloon City. Rinse with hot water is for food hygiene.

香茅牛肉濱海 Beef Bánh Hỏi

百花脆皮

Crispy Shrimp Folds

材料：

腐皮一大張，鮮蝦仁約 3 両，香花菜少許。

調味：

鹽、胡椒粉各少許，生粉 1 茶匙。

做法：

① 腐皮用布抹淨，剪成小方塊，待用。

② 蝦仁挑腸洗淨，吸乾水份，拍爛成蝦膠，放入調味攪拌均勻，待用。

③ 在每小塊腐皮上放入蝦膠少許，再放上一片香花菜，對摺成三角形（像咖喱角般）。

④ 將蝦角放入熱油中快手炸熟，撈出瀝乾油份，可配合各種醬料沾食。

Ingredients:

1 Beancurd Sheet

113g Shelled Shrimps

Spearmint

Seasonings:

Salt and Pepper, to taste

1 tsp Corn Starch

Methods:

① Wipe beancurd sheet with damp cloth, then cut into small squares.

② Devein the shrimps and rinse. Pat dry. Smash the shrimps with the flat side of a chopper, then chop coarsely. Put them into a large bowl, add seasonings and stir with chopsticks in one direction until the shrimp becomes gluey.

③ Place some shrimp paste on each of the beancurd sheet squares. Add one piece of spearmint on top. Fold the beancurd sheet as triangles.

④ Deep fry the shrimp folds in hot oil briefly. Remove the folds from the oil with a slotted spoon and drain. Transfer to a plate and serve with dips.

Tips

可作為小食，配合越南啤酒是另一種享受。

Crispy Shrimp Folds can serve with rice or as a snack. It is prefect to enjoy with Vietnamese beer.

百花脆皮 Crispy Shrimp Folds

柚子蝦沙律

Pomelo & Prawn Salad

材料：

蘋果 2 個，柚子 4-5 片，中蝦 8-10 隻，青瓜絲、甘筍絲各少許，香花菜 2 棵。

調味：

白醋約 1 $^{1}/_{2}$ 湯匙，糖 3/4 湯匙，魚露 1/2 茶匙。

做法：

① 柚子去衣，柚子肉剝成小塊。蝦去殼及頭，留尾，挑腸，洗淨，灼熟，可全隻或切小粒隨意。

② 蘋果去皮，用稀鹽水略浸，切成粗絲。

③ 將青瓜絲、甘筍絲及蘋果絲混合，放入調味拌勻後，再放入蝦、柚子肉及切碎的香花菜同拌勻，略雪凍即成。

Ingredients:

2 Apples
4-5 slices Pomelo
8-10 Prawns (medium)
Cucumber Shreds
Carrot Shreds
2 sprig Spearmint

Seasonings:

1 1/2 tbsp Rice Vinegar
3/4 tbsp Sugar
1/2 tsp Fish Sauce

Methods:

① Remove the membrane from the pomelo slices. Tear the pomelo into small pieces. Remove the shell and head of the shrimps. Reserve the tails. Devein and rinse through. Then blanch to cook through.

② Peel the apples. Soak in diluted salt water to help prevent browning. Then cut into thick shreds.

③ Mix the cucumber shreds, carrot shreds and apple shreds. Add seasonings and mix well. Then add shrimps, pomelo meat and chopped spearmint, mix well. Place in fridge until cool.

Tips

調味以酸甜為主。但以不奪鮮果味為重要。調味先混合調勻，可試味。

The seasonings are for sweet and sour flavour. Be attention about the balance of taste. Mix before pour into the fruits.

柚子蝦沙律 Pomelo & Prawn Salad

www.cosmosbooks.com.hk

書　名	方太味遊亞洲
作　者	方任利莎
統　籌	林苑鶯
責任編輯	祁　思
食譜翻譯	祁　思
美術編輯	郭志民
食譜攝影	郭志民
相　片	方任利莎、DepositPhotos.com
出　版	天地圖書有限公司 香港皇后大道東109-115號 智群商業中心15字樓（總寫字樓） 電話：2528 3671　傳真：2865 2609 香港灣仔莊士敦道30號地庫／1樓（門市部） 電話：2865 0708　傳真：2861 1541
印　刷	亨泰印刷有限公司 柴灣利眾街27號德景工業大廈10字樓 電話：2896 3687　傳真：2558 1902
發　行	香港聯合書刊物流有限公司 香港新界大埔汀麗路36號中華商務印刷大廈3字樓 電話：2150 2100　傳真：2407 3062
出版日期	2019年7月／初版

ISBN：978-988-8548-30-9